朝日新書
Asahi Shinsho 849

宇宙は数式でできている

なぜ世界は物理法則に支配されているのか

須藤　靖

朝日新聞出版

まえがき

突然ですが、みなさんがコンピュータシミュレーションで創られた仮想世界の中に閉じ込められてしまったと想像してみてください。

その仮想世界の中のすべての出来事は、コンピュータ言語で記述された一連の規則に従った振る舞いをします。あなたはそれらをじっくりと観察し、必要に応じて自ら様々な現象を試したり実験したりすることも可能です。

その経験を通じて、世界は何らかの規則あるいは法則に支配されていることに気づき、さらにはその法則に対応する具体的、数学的な方程式を突き止めてしまうかもしれません。

おわかりのようにこれは我々が生きている現実の世界における科学という営みそのものです。地上で行われる様々な実験に加えて、宇宙を舞台とした広大なスケールでの天体現象を観測することで、この世界の振る舞いを理解し尽くすのが天文学と宇宙物理学の最終的なゴールだと言えるでしょう。

ただし、コンピュータ内の仮想空間とは異なり、この現実世界が本当に数学で記述される法則に支配されている保証はありません。正直に言えば、そのゴールが本当に達成できるものなのかは誰にもわからないのです。

にもかかわらず、この世界の森羅万象が厳密に法則に支配されていると考えている研究者はかなり多いと思います。私もその一人です。

一方で、この現実世界が数学的な法則に従って動いているといった単純すぎる考えは不自然だし到底納得できないという意見を持つ人がいるのもまた当然です。そのような方々に向けて、なぜ私が「この宇宙が法則と数学に支配されていると信じる派」となっているかを説明するのが本書の主な目的です。


私は今までずっと宇宙物理学の研究をしてきました。それを通じて、宇宙を舞台とする自然界の諸現象はおろか、この宇宙そのものが法則に従っていることを認めざるをえない実例を数多く経験してきました。

本書ではそれらを具体的に紹介することで、みなさんもまた「この宇宙が法則と数学に支配されていると信じる派」になってくれることを目指したいと思っています。

むろん、勧誘したあとで金品を要求するようなことは一切ありませんからどうぞご安心を。クーリングオフの期間も制限はありませんから、もしも本書を読んだあとに冷静になって再考した結果、「この宇宙が法則と数学に支配されているはずはないじゃないか派」に転向されるのも、いつでも自由です。

本書を通じて私が一貫して問いかけている「この宇宙が決して目には見えない法則に支配されている可能性」をじっくりと考えてみれば、今まで長い人生で当たり前だと思い込んでいた世界の見方がすっかり変わってしまうのではないかと期待しています。

さあ、それでは一緒に、この宇宙のどこかに潜んでいると思われる法則と数学を探しに出かけましょう。

宇宙は数式でできている　目次

第1章

本書に登場する数式の鑑賞法

私たちが住む世界には法則があり、それは身の回りの自然現象だけでなく、宇宙そのものまでをも支配していることを納得してもらうのが、本書の目的です。さらに不思議なことに、その法則は数学を用いて具体的な方程式で書き下すことができるようです。

物理学者はその方程式を眺めて「美しい」と感じる人種です。例えば、20世紀を代表する物理学者の一人であるリチャード・ファインマンは「数学を知らずして自然界のもっとも深遠な美を理解することはできない」との有名な言葉を残しています。

しかしながら、あまり数学に馴染みのないみなさんの場合には、数式を目にすると、「美しい」と感じるどころか「イヤーな」気持ちがしてしまうかもしれませんね。かくいう私も高度な数学書を見ると同じ印象を持ちますから、その気持ちは十分理解できます。

あらかじめ述べておくと、本書ではあまり難しい方程式は登場しませんし、そもそもそれらの方程式を数学的に理解してもらうのが本書の目的ではありません。あたかも芸術作品を鑑賞するように遠くから眺めていただき、世界をそんなふうに記述するやり方があるんだなあ、と感じていただきさえすれば十分です。

そこでまず本章では、そのような読者の代表に登場いただき、数式に免疫をつけるとともに、それらを鑑賞する読み方を身につけるための練習をしてもらいましょう。

数式が美しい？

――こんにちは。私は宇宙にはすごく興味はあるものの、数式が出てきた途端にじんましんが出て、その先まで読み進めることができないタイプです。この本も読み通せるかどうか……。

安心してください。あなたのようなタイプは決して珍しくありません。程度にもよりますが、日本人の8割以上はそのような症状を訴えていると言われています。完治させるには、数学と物理学を学ぶしかないのですが、そこまでせずとも、慣れてコツをつかみさえすれば日常生活に支障がないどころか、数式を気軽に眺めて楽しむこともできるはずです。

――本当ですか？　ちなみに私は中学校の数学ですでにギブアップした人間なんです。難しい記号が出てくる数式なんてもってのほかです。

まったく問題ありません。とりあえず図1・1に書き込まれている数字列を眺めてください。

――数字がただランダムに並んでいるだけのようです。

その通りです。この膨大な数字列だけを見せられても、その意味を推測することはほぼ不可能ですね。でもこれこそが自然界の現象をありのままに観察することだと思ってくだ

図 1.1　自然界はとても複雑で規則性がなく、その未来を予測することは不可能に思える

3.1415926535
8979323846 2643383279 5028841971
6939937510 5820974944 5923078164 0628620899
8628034825 3421170679 8214808651 3282306647 0938446095
5058223172 5359408128 4811174502 8410270193 8521105559
6446229489 5493038196 4428810975 6659334461 2847564823 3786783165
2712019091 4564856692 3460348610 4543266482 1339360726 0249141273
7245870066 0631558817 4881520920 9628292540 9171536436 7892590360
0113305305 4882046652 1384146951 9415116094 3305727036 5759591953
0921861173 8193261179 3105118548 0744623799 6274956735 1885752724
8912279381 8301194912 9833673362 4406566430 8602139494 6395224737
1907021798 6094370277 0539217176 2931767523 8467481846 7669405132
0005681271 4526356082 7785771342 7577896091 7363717872 1468440901
2249534301 4654958537 1050792279 6892589235 4201995611 2129021960
8640344181 5981362977 4771309960 5187072113 4999999837 2978049951
0597317328 1609631859 5024459455 3469083026 4252230825
3344685035 2619311881 7101000313 7838752886 5875332083
8142061717 7669147303 5982534904 2875546873
1159562863 8823537875 9375195778
1857780532 1712268066

さい。

――は、はい。まだ何のことやらさっぱりわかりませんが、とりあえず眺めました。

ところで、この数字列の最初の3・14という値に覚えはありませんか？　小学校でも習った円周率π《パイ》と同じですよね。じっと眺めていると、やがてそれに気づく人が出てくるはずです。そして、その中には、ただ最初の数桁がπと偶然一致しているだけなのか、あるいはこの膨大な数字列が厳密にπと一致しているのか調べてみたいと考える人も出てくるに違いありません。

――確かに、冒頭だけを見ると円周率の3・14と同じです。学校では機械的に3・14として計算していたものの、その先にはこんなにどこまでも数字が続いていたんですね。

円周率とはそもそも「円周と円の直径の比」に対応しており、ギリシャ文字のπという記号で表されます。そ

の数値で世界を埋め尽くした結果が図1・1なのです。

――少しずつ思い出してきました。この数字たちが本当に円周率であるかを確かめるには、実際に円を測って計算してみるしかないのでしょうか？

そうですね。でもどれほど正確に円を描いたところで、円周と直径の比の値をどこまでも正確に測ることは困難です。みなさんがコンパスと定規を使って実際に試してみると3・139とか3・142となるかもしれません。したがって、このままでは図1・1の数字列と図1・2で定義される円周率とが、厳密に一致しているのか、あるいは、たまたま近似的に一致しただけなのか区別できないでしょう。

図 1.2　円周率πの定義

$$円周率(\pi)=\frac{円周(2\pi r)}{直径(2r)}$$

ところが数式を用いれば、この円周率πの値をどこまでも厳密に計算することが可能なのです。そのような数式は数多く存在するのですが、特に三つを選んで図1・3にお見せしましょう。

――ちょっと待ってください。のっけから挫折しそうです。

まあそう言わずにもう少し辛抱してください。これらの数式を証明するつもりはありません。これからその眺め方を説

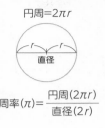

図1.3　円周率を表す3つの数式の例

$$\frac{\pi}{4} = \left(1 - \frac{1}{3} + \frac{1}{5} - \frac{1}{7} + \cdots\right) = \sum_{n=0}^{\infty} \frac{(-1)^n}{2n+1} \qquad (1)$$

$$\frac{\pi}{2} = \frac{2\cdot2}{1\cdot3}\cdot\frac{4\cdot4}{3\cdot5}\cdot\frac{6\cdot6}{5\cdot7}\cdot\frac{8\cdot8}{7\cdot9}\cdots = \prod_{n=1}^{\infty}\left(\frac{2n}{2n-1}\cdot\frac{2n}{2n+1}\right) \qquad (2)$$

$$\frac{1}{\pi} = \frac{2\sqrt{2}}{99^2}\sum_{n=0}^{\infty}\frac{(4n)!(1103+26390n)}{(4^n 99^n n!)^4} \qquad (3)$$

明します。芸術作品と同じく人の感じ方はそれぞれですが、やがてこれらの数式が美しいと思えてくるはずなのですが……。

――（数式が、美しい？）

無秩序に見える数字の羅列に隠れた規則性

⑴式の最初の等号に続く式は、奇数を大きさの順に1、3、5、7……と選び、それらを分母とする分数を並べた上で、符号を交互に正と負にしたものを足し合わせることを意味しています。とても単純かつ秩序だった規則に従って、無限個の分数をずっと足し合わせ続けるわけです。

――こんな何気ない式で円周率を導き出せるなんて、不思議な話です。

それを数学記号を使って書き直したのが、⑴式の二つ目の等号の後の式となります。Σ《シグマ》は和（足し算）を意味する記号で、その横の項の中の整数nの値を、0から無限大まで一つずつ増やしながら足す操作を示しています。こうすれば、左の式の…の部分が明確に定義され、好きなだけ正確に計算できるわけです。

――数学記号の意味はサッパリですが、とにかく無限に続く式がこんなに端的な式にまとめられるということですね！

その通りです。(1)式の証明はここでは大切ではありません。一見どうしようもないほどデタラメかつ複雑に見える図1・1のような数字列であっても、それを数式で、しかもとても単純な規則性を示す形式で書き下すことができるという事実だけを理解してほしいのです。特にこの分数の並び方の規則は、美しいと思いませんか?

――確かに、分母の奇数がプラスとマイナスを交互に挟みながら気持ちよく続いていますね。なんだかリズミカルに感じます。

さらに驚くべきことに、円周率は分数を足し合わせる(1)式とは似ても似つかない(2)式で書き表すこともできます。

――(1)式とは全然違う式ですね。でも、この式にも法則性を感じます。

(2)式に登場する数学記号について説明しておきましょう。Π《パイ》は積（掛け算）を示す記号で、その右にある項の整数nを1から一つずつ増やしながら無限に掛け合わせ続ける操作を意味します。(2)式もまた、掛け合わせられる項に登場する数字が単純な規則性に従っているので、やはり美しい形をしていると思うのです。

数学の天才・ラマヌジャンの頭の中

——少しずつですが「数式が美しい」という意味がわかってきました。それにしても円周率という量が、一見全く異なる数式で表現できるなんてよくできすぎているように思います。

その通りです。これは、ある真理を表現するやり方は一意的ではなく、無数にありうることに対応していると言えるかもしれません。

ところで(1)式や(2)式は、ある程度の数学を知っていれば証明することができます。ところが(3)式になると話が違います。(1)式や(2)式に比べると、この式はかなり複雑です。単純な数を変形した加減乗除のみならず、2の平方根、99のn乗、さらには階乗（!）といった難しい操作が必要です。

——この数式も本当に同じ円周率πを表すのですか!?

私には証明は難しすぎて理解できません。(3)式はシュリニヴァーサ・ラマヌジャン（1

887―1920）という天才数学者が発見したものなのですが、その式が正しいことが証明されたのは彼が亡くなったずっと後なのです。

正直に言えば(3)式はあまりに複雑なため、少なくとも私にはあまり美しいようには思えません。しかしこれは、同じ芸術作品を見ても感動できる人とできない人がいるのと同じでしょう。「馬の耳に念仏」なのかもしれません。にもかかわらず、(3)式を発見したラマヌジャンの凄さには圧倒されてしまいます。

――ラマヌジャンはどうやってこんな複雑怪奇な数式を思いついたのでしょう。

それが誰にもわからないのです。インドの貧しい家庭に生まれたラマヌジャンは、高校では正式な数学教育を受けたことがなく、進学した大学も結局中途退学してしまいます。そのため、そもそも証明という概念やその必要性すら理解していなかったようです。

にもかかわらず、彼はそれ以前には誰も知らなかった様々な定理を数多く発見しました。それらのほとんどは彼自身なぜ正しいのかを証明することができず、最初に見せられた「普通の」（つまり我々からすると、とてつもなく賢い）数学者たちは、それが正しいはずがなく、ラマヌジャンは単なる狂人に違いないと思ったようです。

――ラマヌジャン自身も式の証明ができなかったとは、まさに直感に導かれた数式なのですね。

ラマヌジャンが26歳までに発見した３２５４個もの定理を、数学者たちが協力して証明が完了したのは１９９７年だそうです。つまり、(3)式のような関係式を彼がどうやって思いついたのかは、その後それらを厳密に証明した優れた数学者たちでさえ皆目理解できないままなのです。まさに天才としか言いようがありませんね。

このような背景を知った上で再度(3)式を眺めると、今度は単純さとは違う意味での美しさと感動が伝わってくるような気がしませんか?

——します、します!

ここまでは、円周率を例として説明してきました。これは数学的な真理の持つ秩序と美しさの例と言うべきでしょう。しかし、自然界の複雑な現象もまた突きつめると単純な規則性に従っています。特にその中でも宇宙に関係する例を取り上げて、「自然界に横たわる真理とは何か」を考えてみるのもまた本書の目的の一つです。

例えば、実験や観測結果は、ある意味では図1・1のような膨大な数値を持つデータの集まりです。それをただ見せられても、その背後にある世界の法則を突き止めることはできません。ラマヌジャンのような天才がそのデータの意味を突然理解することもあるでしょうし、逆に多くの研究者が時間をかけて少しずつ解明することもあるでしょう。そのような営みが科学なのです。

なぜ数式が自然現象を説明するのか

——少しずつワクワクしてきました。準備運動として、できるだけ身近な例はありませんか？

例えば、遠くに投げたボールや太陽の周りの惑星の運動がそうです。それの位置を異なる時間に測定したデータを並べれば、図1・1のような膨大な数値データの組になります。そのデータをじっと眺めていると、ある種の規則性が存在することがわかります。リンゴが木から落ちるとその速度は時間に比例して増大し、地球は太陽の周りをほぼ一定速度で公転します。

しかし、それだけではデータをどこまで厳密に説明できるのかわかりません。より正確な記述には、それらが従っている法則を突き止め、数学を用いて方程式で表現する必要があるのです。

その方向での科学の発展、中でも宇宙の振る舞いに関して重要な寄与をしたのが、ガリレオ・ガリレイ、ヨハネス・ケプラー、アイザック・ニュートン、アルベルト・アインシュタインで、彼らの発見については次章以降で紹介していきます。

——それにしても、なぜこうも自然現象を都合よく数式で表現できるのでしょうか?

その疑問は当然ですが、理由はわかっていません。しかしすでに、ほとんどの自然現象は数学を用いて驚くべき精度で記述できるという事実は知られています。そのために、うまく記述できていない自然現象があったとしても、それは数学で表現できないのではなく、我々が「まだ」本質的な理解に達していないだけだと解釈されています。つまりその奥底に我々にとって未知の(数学的)法則が潜んでいるのだと。

あのアインシュタインですら、この不思議さに驚いて、「経験とは独立した思考の産物であるはずの数学が、物理的実在とこれほどうまく合致するのはなぜか」と述べているほどです。

——アインシュタインの驚きの一端を知ってみたいものです。

それが本書の目的なのです。この宇宙の振る舞いが、数式で表される法則でどれだけ見事に説明されているかを紹介することで、確かにこの宇宙が法則に従っていることを納得してもらいたいと期待しています。

そのためにはどうしても数式をいくつかお見せせざるをえません。でも数式そのものは難しく考えず、それを眺めて雰囲気を理解するだけでよい、と気軽に読み進めてほしいと思っています。

――わかりました。肩の力を抜いて読んでいくことにします。あまりにもわからなくなったときには、途中で質問させてください。

もちろんです。どうぞご遠慮なく。おそらく同じ場所で悩む読者の方々も多いことでしょうから、むしろ読者のみなさんを代表してどしどし質問してください。例えば美術や音楽において、同じ作品を見たり聞いたりした場合、専門家が味わう感動は我々素人とは比べ物にならないほど深いものでしょう。しかし、我々もまた、それぞれのレベルに応じて、それなりに楽しむことは可能です。それこそが芸術の普遍的価値を支えています。

科学もまた本来、芸術と同様に自分なりに理解し楽しむことができる側面を持ち合わせているはずです。数学あるいは科学を知っていればいるほど、さらに深い感動を得られるのは事実ですが、必ずしもその必要はありません。芸術と同じく、科学の楽しみ方も人それぞれ、多様であるべきです。

もしも難しいところがあっても気にせず、理解できた部分を中心に気楽に楽しみながら読んでもらえるように、私もがんばります。

第2章
世界を支配する法則とは

法則と法律はどう違う？

「この世界は法則に支配されている」という事実を、みなさんに示しながら共有し、そして納得してもらうのが、本書の目的だと述べました。そのためには、そもそも「法則とは何か」という説明から始めることが必要ですね。

法則は、英語ではlaw、フランス語ではloiといい、これらは同時に法律を指す単語でもあります。ところで、法律は国によって違っていることからもわかる通り、それが本当に正しいかどうかは人々あるいは為政者の考え方に依存します。そのため、合法と違法の判断基準も必ずしも明確ではなく、場合によっては違法な行動をした人のほうが「正しい」と考えられてしまうことすら珍しくありません。つまり、法律は決して絶対的な真理ではないのです。

これに対して、同じlawでありながら、法則（正確には、本書では自然界の基礎物理法則を指しています）は、法律とは全く異なる特徴を持っています。

何よりもまず、法則は、一体いつどこで誰が決めたのかわかりません。つまりその根拠が不明なのです。それどころか、我々は法則とはそもそもどのようなものなのかすら完全には理解していません。にもかかわらず、我々を含むこの世界の森羅万象が、法則に矛盾する振る舞いを示すことはありえません。法則とは絶対的な強制力を伴った真理と言うべきものです。

そのような究極のルールブックが、誰にも読まれることなく、さらにはどこにあるかすらわからないにもかかわらず、この世界を完全に支配しているとは本当に不思議です。そのルールブックに何が書き込まれているかを読み解くために、日夜追究し続ける人々が物理学者（より一般には科学者）です。

我々人間の営みに依存する世界の姿を極めようとする人文社会学には、このような意味での法則は存在しません。絶対的な真理が存在しない状況で、人間がどのような世界を創り出し、そこにいかなる意味での普遍性が存在するのか、あるいはしないのか。自然科学が取り扱う4次元時空の中の物質世界とは異なり、人間という存在を中心としたより抽象的な世界を探るのが人文社会学だ、とも言えそうです。

数学に至っては、この自然界が実際に採用しているルールブックに限定せず、より一般に、異なる法則（数学の場合は、公理と呼ぶかもしれません）から出発した世界がどのような論理体系を持つに至るのかを解明しようとします。これは「我々が住む具体的な物質世界」を対象とすることが普通である物理学に比べると、はるかにぶっ飛んだ視点だと思います。

しかし驚くべきことに、そのような純粋な思考から生まれた数学が、やがて「この世界」の記述においても本質的となった例が、歴史的に数多く知られています。この物理学と数学との不思議な関係を垣間見ていただくこともまた、本書の目的です。

法則はどのようにして見つけられるのか

さてこのような御託をグダグダ並べたところで、法則とは何かというイメージがわかないのも無理はありません。そこで、より具体的に、身の回りの経験を積み重ねつつ、物理学者が法則と呼ぶものを探り当てる過程を追体験してみましょう（以下の例は、ある程度、実際の歴史的発見の順番に即していますが、必ずしもその通りではありません）。

A　太陽は毎日東から昇り西に沈む

これは誰でもすぐに気がつく身近な事実です。にもかかわらず、その理由に思い当たるのは決してやさしくはありません。もっとも単純なのは、「地球が世界の中心であり、その周りを1日に1回太陽が公転している」という解釈でしょう。もちろんこの解釈は間違っていたわけですが、毎日見慣れて当たり前に思える出来事の中にすら、この世界の振る舞いに関する本質的な情報が潜んでいる好例でもあります。

B　夜空の星々の位置は1年周期で変化する

夜空が人工光で明るくなるとともに、そもそも日常的に星を眺める機会が失われている現代、星々もまた太陽と同じように1日周期で夜空を動いている事実（日周運動）を教えられることなく発見した人がどれだけいることか。しかし、今に比べて夜空を眺める時間が長かったであろう昔、観察眼の優れた人々は、星々が日周運動に加えて、1年周期で運動している事実（年周運動）をも突き止めます。

この天の変化の周期である1年は、地球上で四季が変化する周期と一致しています。これは、天の世界と地の世界とが無関係でなく、それらを同時に説明する何らかの共通の理由があることを示唆します。

C　地球は自転しながら、太陽の周りを1年周期で公転している

AとBは、地球を中心として天の世界が動いているのではなく、地球が1日周期で自転しており、さらに地球は太陽を中心としてその周りを1年周期で公転していると考えれば、すっきりと説明できます。これがニコラウス・コペルニクス（1473―1543）による天動説から地動説への転換です。

D　惑星は太陽の周りの楕円軌道上を運動する

地球が静止しているのではなく、太陽の周りを公転しているという衝撃的事実を認めたとしても、その軌道は直感的には円であるとしか思えないのではないでしょうか。しかしヨハネス・ケプラー（1571―1630）は、惑星の位置の正確な観測データから、それらは完全な円ではなく楕円軌道を描いていることを突き止めました。そのためこの結果はケプラーの第1法則と呼ばれています（図2・1）。

驚くべきことに、そのもととなったデータは、ティコ・ブラーエ（1546―1601）による約20年間の肉眼観察の集大成でした。大望遠鏡とコンピュータなしには研究できない現代の天文学者から見ると、肉眼でそのような高精度の観測がなされたとは、にわ

図 2.1　ケプラーの3法則

第1法則

惑星は太陽を焦点とする楕円軌道を描く

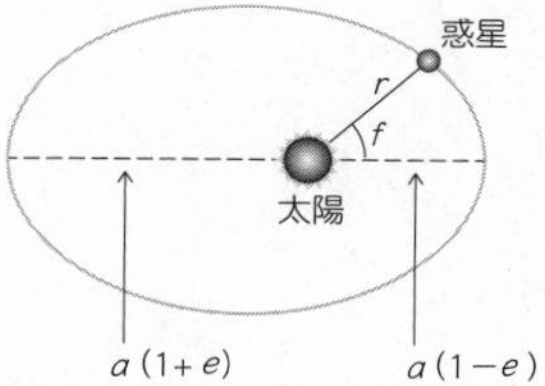

$$r = \frac{a(1-e^2)}{1+e\cos f}$$

e：離心率

第2法則

惑星と太陽とを結ぶ線が同じ時間に描く面積は一定である

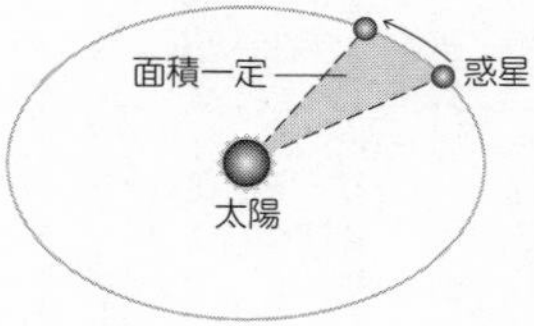

$$r^2\frac{df}{dt} = 一定$$

第3法則

惑星の公転周期の2乗は、軌道の長軸の半径の3乗に比例する

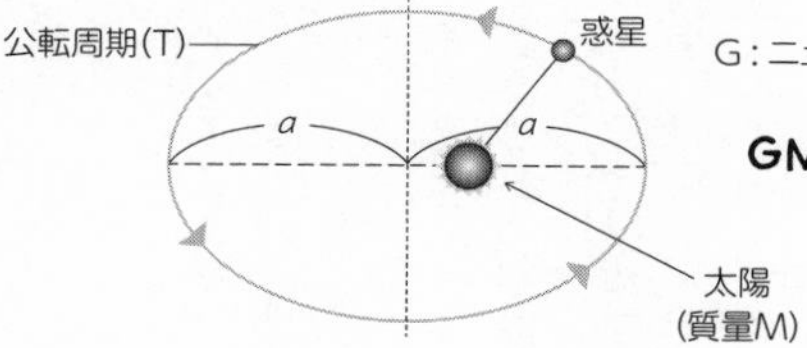

G：ニュートンの重力定数

$$GM = 4\pi^2\frac{a^3}{T^2}$$

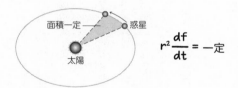

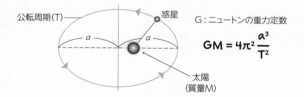

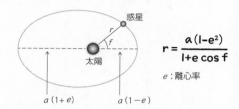

かに信じがたいほどです。理論的研究に秀でていたケプラーは、ブラーエの膨大なデータを解析し、それらが満たす三つの法則を発見しました（図2・1）。

本書でお伝えしたいメッセージの一つが「世界の法則は数学で書かれている」であることはすでに繰り返してきました。したがって、数式を避けてばかりはいられません。図2・1に示したケプラーの法則はそのためのウォーミングアップです。

日本語ならなんとかわかるものの、数式になるとさっぱりという方もいらっしゃるでしょうが、本当は数式で書かない限り法則の意味を厳密に表現することはできません。方程式は登場する変数が何であるのかさえ理解できれば、それらの変数の間に成り立つ関係式を記述するものですから、本来は難しいものではありません。その関係式を発見する、そしてその式を証明することは格段に困難な作業ですが、ここではその数式が正しいことは認めてもらい、絵画や写真を眺めるように鑑賞している程度の気持ちで、読み進めていただければと思います。

リンゴの落下と地球の公転が同じ現象であることに気づく

E　二つの物体の間にはそれぞれの質量に比例し、お互いの距離の2乗に反比例する重力が働く

実は、図2・1のケプラーの法則は、「法則」と呼ばれているにもかかわらず、物理学者が考える通常の意味での「物理」法則ではありません。これは、実際の現象を数式を使って「記述」しているに過ぎず、なぜそうなるかを普遍的に説明する基礎理論になっていないからです。太陽系内の惑星の運動に関する膨大な観測データを、わずか3行で記述し尽くしたのは素晴らしい発見です。しかしそれだけでは、惑星の運動以外の現象に応用することはできません。

ここで登場するのが、アイザック・ニュートン（1642―1727）です。彼は、ケプラーの「法則」が、より一般的な万有引力の法則（重力の逆2乗法則）から導かれることを発見しました。そう言われて再度DとEを読み比べたとしても、なぜそれらが関係しているのか皆目わからないことでしょう。それでいいのです。それこそがまさに物理学者が呼ぶところの「法則」の驚異的な普遍性を示しているのですから。

地球が太陽の周りを公転することと、地上でリンゴが木から地面に落ちること。どう考えても無関係に思えるこの二つの現象が、本質的には同じであることを見抜くとはまさに

図 2.2　ニュートンが発見した天と地の世界を支配する法則

万有引力の法則(重力の逆2乗の法則)

2つの物体間には、互いの距離の2乗に反比例する
万有引力(重力)が働く

$$\vec{F} = -\frac{GMm}{r^2}\frac{\vec{r}}{r}$$

運動の法則

物体の質量と加速度の積は、その物体に働く力に等しい

$$m\frac{d^2\vec{r}}{dt^2} = \vec{F}$$

重力のもとでの物体の運動方程式

上の2つの式を組み合わせるとケプラーの3法則を証明できる

$$\frac{d^2\vec{r}}{dt^2} = -\frac{GM}{r^2}\frac{\vec{r}}{r}$$

天才としか言えません。

ニュートンはこれ以外にも多くの大発見を成し遂げており、中でも重要なものに、ニュートンの運動の法則があります。そして、この法則と万有引力の法則を組み合わせれば、木から落ちるリンゴの運動、太陽の周りの惑星の運動、さらには、光すら出てこないブラックホールの存在や、この宇宙が膨張するという事実までをも説明できます（図2・2）。

ニュートンは図2・2の法則を通じて、単に現象を「記述」しただけにとどまらないことを強調しておきましょう。

記述とは、ある瞬間にだけ成り立つ関係です。しかしこの世界は常に変化していますから、ある瞬間だけで成り立つ関係を見つけたとしても実はあまり重要でないことが多いのです。過去だけでなく未来においても成り立つようなより一般的な普遍性を持つものが法則と呼ぶに値します。言い換えれば、広範な現象に対してその未来をも予言できるものを、本書では「法則」と呼びます。

社会に不可欠な微分方程式とは

「未来に何が起こるか」を予言できるのは、法則が微分方程式という数学の言葉で書かれているおかげです。微分とは大雑把に言えば「少しだけずらして、その差を調べる」ことに対応します。

今の場合、現在の時刻tでの物理量$f=f(t)$が、少しだけ未来の時刻$t+\Delta t$で、$f+\Delta f$に変化するとした場合にΔfとΔtの比が、どうなるかを考える操作です。高校で「微分」を習ったことはあるが、それ以来数学がわからなくなったという人も少なくないかもしれません。それどころか「微分や積分など高校卒業以来一度も使ったことはないし、だからといって困ったことはない。そんなものを高校で教える必要はない」と公言してはばからない年寄りの著名人もいますね。はっきり言うと、それは大間違いです。特にこれからのデジタル社会においては、理系文系を問わず広い職業において微積分は必須です。

ニュートンは、17世紀に現代社会の基礎となる微積分学という数学の分野を自ら創り上げ、それを用いて物質世界を支配する法則を書き下すことに成功しました。この例のように、多様な現象を支配する根本原理をごく少数の普遍的かつ簡潔な数式に集約したものこそが「法則」なのです。

素朴な疑問に答える①——万有引力の法則って何だっけ？

Q　そもそもニュートンの「万有引力の法則」って何でしたっけ？「地球には引力がある」ということだけはわかるのですが。

A　万有引力というのは、すべての物体の間に働く互いに引きつけ合う力のことで、重力と同じ意味です。「地球には引力がある」というのは、例えば我々の体と地球、あるいは、リンゴと地球の間に、万有引力が働いていることを指しているのでしょう。

万有というだけあって、もちろんリンゴと人間との間にも重力は働いています。ただし、地球に比べて質量が桁違いに小さいので、正確な測定器を使わない限り、我々は感じることができないほどの大きさでしかないのです。

Q　質量と重さって、何が違うのですか？

A　これはとても重要な質問です。質量は物体が持っている固有の値ですが、物体の重さとは環境によって違う値になります。例えば、同じ質量の物体であろうと、無重力状態になれば重さはゼロですし、月面上で計ると地球上での6分の1の重さになります。

このように、重さとはその物体の質量のみならず相手の質量にも比例して変化する重力の強さに対応します。それを詳しく表現したのがニュートンの万有引力の法則です。また、アインシュタインの一般相対論の考え方の基礎にも深く関係しています。

Q　そもそもニュートンには「リンゴが落ちるのを見て引力に気がついた人」という認識しかありませんでした。そんな法則を打ち立てたスゴイ人だったたんですね。

A　そうなのですよ。そもそも「リンゴはなぜ落ちるのか」という、誰でも慣れっこになっている現象がなぜ起こるのかという疑問を発することができる感性が、すごいですね。我々のような凡人は、「それは質問する価値なんかない。当たり前じゃないか」と勝手に思い込んでしまいがちですから。

Q　ケプラーの法則と、ニュートンの法則がどうつながるのか、なぜつながるのかいまいちピンときません。ざっくり教えていただけませんか？

A　これは決してやさしくはないので、わからないのも当然でしょう。もしも惑星が太陽の周りを円運動する場合に限れば、ケプラーの第2法則と第3法則は高校レベルの物理学を用いて証明できます。

しかし、より一般には惑星は円ではなく楕円軌道を描くこと（第1法則）、さらにその場合でもケプラーの第2法則と第3法則が成り立つことを証明するためには、大学教養レベルの物理学が必要です。

とはいえ、その証明は単純で、ニュートンの万有引力の法則とニュートンの運動の第2法則を組み合わせて得られる図2・2の3番めの方程式を解くだけです。難しそうに見えますが、適切な訓練さえ積めば、誰でもできる数学の問題に帰着するのです。

宇宙のすべてを説明するアインシュタイン方程式

さて、ニュートンが創り上げた物体の運動に関する物理学の体系は、ニュートン力学と呼ばれ、近代科学の礎となりました。あえて科学的でない表現を用いるならば、「神様が世界がどう振る舞うべきかを定めたルール」を発見したわけです。しかし、これではまだ物理学者は満足できません。なぜ世界はこの法則に従っているのか、そもそも二つの物体間に万有引力が働く理由は何か。ニュートンの法則は、それについては何も答えてくれません。

この例は「法則」が実はエンドレスな構造をしていることを意味します。決して天才ニュートンの責任ではありません。そもそも科学とは、ある謎が解けた瞬間に、さらにより根源的な謎が明らかになるという性質を持っています。その意味において、科学に終わりはなく、いつまでも果てしなく続く謎解きと発見の旅なのです。

すでに、ケプラーの法則は「法則」と呼ばれているものの、ほとんどの物理学者が考える「法則」ではない、と述べました。ケプラーの法則はニュートンの法則から導くことができるという意味で、ニュートンの法則のほうがより根源的で普遍的な法則なのです。同じく、ニュートンの法則よりもより根源的な理論が一般相対論です。ニュートンの法則がなぜ、そしてどこまで正確に成り立つのかを考え抜き、革命的な世界観を発見したのがアインシュタインなのです。

彼が発見した一般相対論によれば、万有引力（重力）の起源は次の一言で説明されます。

F 質量を持つ物体は周りの時空を歪める

それにしても、これはにわかには信じがたいほどぶっ飛んだ説明です。時空と重力が互いになぜ関係するのかまったく理解できないでしょう。仮にアインシュタインがニュートンの時代に突然このような主張をしたとしたら、頭がおかしなやつだと相手にしてもらえなかったに違いありません。

この一般相対論に関しては第4章でじっくりと説明しますので、ここではこれ以上は述べませんが、それを集約した基礎方程式であるアインシュタイン方程式だけをとりあえずお見せしておきます（図2・3）。

ここではアインシュタイン方程式そのものの意味を説明するつもりはありませんので、ご安心ください。この一見難しげな式をお見せしたのは、ワクチンのように数式に対する

図 2.3　宇宙のすべてを説明するアインシュタイン方程式

$$R_{\mu\nu} - \frac{1}{2} R g_{\mu\nu} = \frac{8\pi G}{c^4} T_{\mu\nu}$$

この式の左辺は時空の幾何学(時間と空間の曲がり方)を表す物理量で、右辺はその中に存在する物質分布を表している。つまりこの式は、

時空＝物質

という考え方を数式で表現したものになっている

免疫を獲得してもらうのが目的です。理解してほしいのは、この世界の振る舞いを支配するルールが存在し、それが（難解に見えようと）簡潔な数式で書き下すことができるという事実です。

私に限らず多くの物理学者は、この式が物理学におけるもっとも美しい式の一つだと思っています。それを発見したアインシュタインの偉大さは言うまでもありません。さらに言えば、そのような「法則」が存在しているはずだと見抜いた洞察力、その上それを具体的な数式で書き下そうと考えたことに言いようもない感動を覚えます。アインシュタインが一般相対論を「創った」のではなく、あえて「発見した」と表現したのはそのためです。

この世界のどこかに確実に刻まれている法則を、たまたま最初に「発見」したのがアインシュタインであったのです。だからこそ、もしも彼がいなかったとしても、

やがて必ずや誰か別の人が発見したはずです。

これらの一連の例から予想できるように、このFが究極の法則である保証はありません。というより、むしろその先に、未だ人類が発見できていない、より根源的な法則が控えていることは確実です。そして、このように少しずつ法則を深化させる過程こそが科学です。

素朴な疑問に答える②――「数式で宇宙が記述できる」ってどういうこと?

Q　アインシュタインの式の美しさが全くよくわかりません。また、式一つで「宇宙のすべて」が記述できるというのはどういうことですか?

A　実はアインシュタイン方程式は全部で10個ある式をまとめて表現したもので、それぞれが単純さと秩序を持つ数多くの項から成り立っています。それを理解すると「美しい」という気持ちが自然に芽生えてくるのです。

芸術にしてもより深い感動を得るには、それなりに勉強し経験を積むことが必要です。科学の場合も同じだと思います。アインシュタイン方程式が美しいと思えないのはそのためでしょう。残念ながら私にはそれ以上の説明はできません。しかし、このような方程式を見て美しいと感動する人種がいることだけは知ってほしいのです。

現代物理学によれば、自然界には四つの力（強い力、電磁力、弱い力、重力）が存在しており、それらが文字通り宇宙のすべてを説明すると考えられています。その中の重力を記述するのが一般相対論であり、その基礎方程式がアインシュタイン方程式です。

重力以外の三つの力は、宇宙の中に存在する物体がどう振る舞うかを説明します。これに対して、アインシュタイン方程式は、宇宙に存在する物体のみならず、宇宙（時間と空間）そのものの振る舞いをも記述しています。

私が「すべて」と述べたのは、その意味であり、アインシュタイン方程式が記述する対象の大きさを表現したつもりです。

占い師と科学者はどう違う

純粋な数学とは異なり、自然科学はあくまで経験あるいは実験・観測の積み重ねの結果として少しずつ更新され体系が整備されていくものです。必ずしもなぜそうなるべきなのかという論理だけで完全に説明しきれるわけではありません。だからこそ、現時点で正しいと信じられている科学的理解も、将来のある時点で厳密には正しくないことがわかるかもしれません。というより、むしろそうなる可能性が高いはずです。

そしてそれこそが科学の進歩です。「科学は常に正しい」と盲信することこそ、非科学的な態度と言うべきなのです。

それでは、占い師も科学者も結局違わないことになるのでは、と思う人がいるかもしれません。しかし、占い師とは、自分の予言の正しさを確信して対価を受け取るだけで、それが間違っていようと、その結果を今後の予言の信頼度を高めるために活用するわけではないでしょう（私が知らないだけで、日々研究を怠らない勤勉な科学的占い師さんがいるやもしれませんが）。

一方、科学者の場合、既存の理論から導かれる予言が間違っていることを発見するほうがむしろ興奮するのです。それこそが、従来の法則をさらに深化させる突破口となるからです。科学と、科学のふりをして怪しい主張を行ういわゆる疑似科学との違いは「反証可能性」にある、と言われるのはまさにこの違いを指しています。

つまり、結果が正しいのが科学であり、正しくないのが疑似科学だ、というわけではなく、「もしも誤っているならば、それが誤っていることが証明できる」（これを反証可能性と言います）だけの明確な予言こそが、科学が備えているべき性質だというわけです。

これを提案したのは科学哲学者のカール・ポパー（1902—1994）で（なぜか科学者ではない科学哲学者たちからは批判されることが多いようですが）、私自身も含めて科学者の間ではわかりやすく優れた科学の定義の一つとして広く受け入れられています。

例えば、この反証可能性という考えを用いると、「神が存在する」という命題が科学の範疇ではないことがわかります。「神が存在する」という命題が科学的であるためには、「もしもこのようなことが起これば神が存在しない」といった、具体的に検証可能な事象が必要です。

しかし、神が万能であるならば、神はいかなることも起こすことができるはずです。したがって、神が存在しないことを証明することはできません。このように神の不存在証明が原理的にできない限り、「神の存在は非科学的」という以前に、そもそも科学の守備範囲内にない問題なのです。

本章で紹介したAからFへの変遷は、ごく身近な具体的経験の積み重ねから、それらの背後にある普遍的な法則が徐々に発見される科学の進歩の例となっています。だからこそ

Fが最終的な法則である保証はありません。それどころか、今後の研究によってその問題点と限界が明らかとなり、さらにそれを超えた法則が発見されることは確実です。

このように、科学は長い時間をかけて常に自らを修正しながら、より普遍的に正しい方向へ進化するという著しい性質を備えています。

法則は世界の近似に過ぎないのか

すでに強調したように、科学がこのようにエンドレスに進化し続けるのであれば、ある時点での法則が厳密に正しいとは言えません。あくまで、「その時点で矛盾することが知られていない」という消極的な意味において、「正しい」と解釈すべきなのです。

さらに言えば、そもそもこの世界を厳密に説明する完璧な法則など存在しないのかもしれません。仮に厳密な法則が存在するとしても、それが我々の言語（数学も含みます）で表現し尽くされる保証はありません。例えば、「美しい」という単語は必ずしも美しいものの性質のすべてを表現し尽くしていないのと同じです。とすれば、我々が記述できる法則とは、あくまで世界を近似的に説明するものでしかないように思えてきます。

このままでは、抽象的でピンとこないかもしれませんので、再び第1章の円周率を例として説明しましょう。数学の場合、いわゆるユークリッド幾何学（簡単に言えば、あらゆる三角形はその内角の和が180度になるという性質を満たす幾何学）においては、図1・2で定義された円周率は、図1・3のような数式で厳密に記述されます。その意味において、この関係式は近似的ではなく厳密なものです。

しかし、実際にはユークリッド幾何学は単なる仮定に過ぎません。ある具体的な前提（より正確には公理系）から出発して、その下で成り立つ普遍的で厳密な関係式を発見し証明するのが数学です。もし非ユークリッド幾何学を公理系として認めれば、図1・2で定義される「円周率」とは、図1・3の関係式を満たすπとは異なる値になります。

これに対して自然科学は、この世界が採用している前提（公理系）そのものが何なのかを探ろうとします。仮にどれほど論理的で無矛盾な理論であろうと、それが現実の実験・観測結果を説明していないのであれば、その理論は「間違っている」と判定されます。これが数学と全く異なる点です。数学においては、異なる結果を与えるユークリッド幾何学と非ユークリッド幾何学とは、いずれも同等に正しい理論なのです。

どちらが正しく、どちらが間違っているか、などと問うのは数学の立場からは無意味です。一方で、我々が住むこの世界はそのどちらか一つだけを採用しているはずで、結果的にはもう一つは数学としては正しくても、物理学としては間違っている理論、ということになります。

実はこれは単なるたとえではなく、実際に物理学の本質に関わる問題です。ニュートンが発見した法則は、この世界の空間がユークリッド幾何学で記述されることを前提としていました。これに対して、非ユークリッド幾何学を前提として構築された理論が、アインシュタインの一般相対論です。一般相対論は、ニュートン理論とは矛盾する多くの観測事実を見事に説明します。これはニュートン理論が間違っていたというよりも、この世界に対する近似理論に過ぎなかったと表現するほうが適切です。

同じく、一般相対論はすでに100年以上にわたる様々な検証の結果、その正しさが認められてきた理論ですが、将来、一般相対論も厳密なものではなく近似理論だったことがわかるかもしれません（実はほとんどの物理学者はそう信じています）。

このように数学とは異なり、この世界を支配する厳密な法則が存在するのか、仮にあるとした場合でも、我々が表現（理解）できるのはその近似的なものに過ぎないのか、などは自然科学における大難問です。とはいえ、いくら考えても正解が浮かぶようなものでもないため、あまり深く考察されているわけではありません。

法則は宇宙のどこにある?

ところで、同じく答えのない難問として私が気になってしかたないのは、「世界が本当に法則に支配されているとすれば、それは一体どこにどのような形で存在しているのか」です。これは答えがないのみならず、問いかけること自体がナンセンスなのかもしれません。それを承知の上で、少し論じさせてください。

似た例として、我々の心、あるいは意識について考えてみましょう。意識なるものが存在すること自体には異論がないと思います。しかし、それがどこにどのような形で存在しているのかとなると、答えに詰まる人も多いでしょう。意識はこの世界において、「ありそでなさそでやっぱりあるもの」(戸田山和久『哲学入門』より)の一例です。だからこそ、ルネ・デカルト(1596―1650)の「我思う、故に我在り(Je pense, donc je suis)」といった「深そうで当たり前そうでやっぱり深いかも」と思える言葉がよく引用されるのかもしれません。

なぜ意識があるのか、具体的にどの部分がそのような意識の状態に対応するのか、といったことまではわからずとも、ごく大雑把には、脳内にある約1000億個の神経細胞

（ニューロン）が構築するネットワーク全体が意識を生み出しているのは確かでしょう。身も蓋もない言い方をすれば、意識は脳に存在しているわけです。そして意識はその人の振る舞いを支配していますが、他人の振る舞いには全く関与しません。

これに対して、物理法則は、すべての人間どころか、まさに森羅万象が逆らうことのできない普遍性を持っています。とすれば、それは我々の脳の中に存在するような局所的なものではないはずです。さらに素粒子のような物質の最小単位ですら法則に従っているという事実は、法則が個々の素粒子にびっしりと刻み込まれたようなものではありえないことを意味します。そのような情報を書き込むことができるような自由度を持つ物質は、「素」粒子ではありえませんから。

つまり、法則は個々の物質に付随しているものではなく、この世界が全体として共有しているものでなくてはなりません。といっても、もしも法則が人里離れた聖地に隠されており、めったに拝むことができないものであれば、それに従うことすらできません。全く逆に、あらゆる場所からいつでも好きなときに瞬間的に参照できる必要があります。

そんなことが可能なのでしょうか？　消去法的には、物質とは独立したこの宇宙、あるいは時間と空間の至るところに法則が埋め込まれている必要がありそうです。しかし、物理学者の多くは、時間と空間もまた物理法則に従って生み出されたとの信念を持っているように思います。したがって、仮にそれが正しいのならば、「鶏が先か、卵が先か」と同じく、「宇宙が先か、法則が先か」という禅問答に陥ってしまいます。

というわけで、「法則はどこにあるか」については、私はもちろん、誰にもその答えはわかっていません。そんなことは知らなくともいいし、問う必要もないのかもしれません。しかし、もしも我々が住むこの宇宙とは異なる法則に従う別の宇宙があるとするならば、法則がどこにどのような形で存在して（刻まれて）いるのかは、途端に本質的な問題となってきます。本書の最終章でこの問題に立ち戻る予定ですので、とりあえずここではこの問いを発するだけにとどめて、先に進むことにします。

素朴な疑問に答える③――数学でなんでも説明できるって本当?

Q　もともと数学とは、勝手に人間が発明したものとも言えますよね。この宇宙にたまたま生まれた人間がたまたま作った概念で、宇宙のあらゆることが記述できるなんて、やはりできすぎているというか、都合がよすぎるような気もします。

A　まさにそれこそが、本書で私がみなさんに問いかけたい疑問なのです。実は私の解釈は、この質問の意見とは逆で、「だからこそ数学は決して人間が発明したものではない普遍的なものだ」なのです。「アインシュタインは一般相対論を発明したのではなく発見した」と述べましたが、数学もまた同じでしょう。

例えば、遠い将来に地球外知的文明と交信できたとしましょう。彼らがどのような表現を用いているかはわかりませんが、必ずや微分積分などの数学や一般相対論に対応する物理学は持っているはずです。それは誰かがたまたまこの地球だけで発明したものではなく、この世界（ここでは宇宙よりもはるかに大きな概念の意味で用いています）のどこかに確実に埋め込まれたものだ（と私は信じている）からです。

第3章
宇宙観の変遷とニュートン理論

昔の哲学者たちが描いた〝美しい〟宇宙像

我々が住んでいる世界はどのような構造をしているのだろう。さらに、その果てはどうなっているのか。これは、誰でも興味を持つ素朴な謎ではないでしょうか。そしてそれは自分が直接観測できないはるか遠く離れた場所は一体どうなっているのか、という疑問でもあります。

我々が自分を中心として直接見渡すことのできる地平線や水平線までの距離は、高いところに登ったとしてもせいぜい数十キロメートル程度です。逆にその事実から、我々が立っているこの大地が平面ではなく丸まった球形（すなわち地球）であることがわかります。さらに、幾何学を用いて計算すれば、地球の半径を推定することもできます。もちろんギリシャの哲学者たちはそれらを十分理解していました。

ではこの地球の外側にある世界はどうなっているのでしょう。誰でも知っている太陽の見かけの運動をもっとも簡単に説明するのは、「太陽が地球の周りを24時間周期で公転している」と解釈することでしょう。地球が自転しているという（正しい）可能性を考えた人もいたようですが、ではなぜ我々は目が回らないのかと悩んだのかもしれません。

図 3.1　アリストテレスの宇宙像

ドイツの天文学者ペトルス・アピアヌスが*Cosmographia*（1524年）に発表したもの

あるいは、我々が住んでいる地球は特別の存在だから、それは世界の中心であり、自転しているなどありえない、と考えたのかもしれません。特に後者は、客観的な事実よりもある種の「美的感覚」を優先させることで解釈を見誤る例となっています。

　とはいえ、この「美しさ」という感覚に真理を求めたくなるのは人間に共通しているようです。正確なデータを手に入れることが困難な場合には、この「美しさ」を指導原理として、世界の「法則」を探り当てようとする立場も十分理解できます。現代的視点から過去の批判をすることは公平ではないですし、現代の科学者もまた同じ過ちに陥っている可能性は否定できません。

いずれにせよ、このような考察の末、アリストテレス（紀元前384―322）に代表されるギリシャの哲学者たちは、この世界は、不動の地球を中心とし、その周りを公転する天体から成り立っていると考えました。プトレマイオス（2世紀頃）による『アルマゲスト』はその集大成というべき天文学書であり、その後、10世紀以上もの長い間、アラブ・ヨーロッパにおいて大きな影響を与えました。その世界観は、図3・1に示されているように、地球を中心として、月、水星、金星、太陽、火星、木星、土星、他の恒星を含む天球、がそれぞれ同心円状に順次取り囲んで回っている天動説にほかなりません。

この世界観はダンテの『神曲』にも反映されています（図3・2）。そこでは、宇宙の構造という現実世界と、宗教や学問体系のような抽象的世界が不可分の関係にあると解釈されているようです。ここでも世界は「美しさ」を備えているはずだ、との価値観に基づいているように思えます。

ところで、正確にはプトレマイオスの宇宙像は、図3・1に描かれた単純なものだけではありません。実際の天体の運行をうまく説明するのみならず、さらには予測をも可能とする数学的なモデルでもありました。ただし、観測事実を再現するために、人為的で複雑なものになってしまっています。例えば、地球は厳密には宇宙の中心ではなく、地球から少しずれた点を中心として惑星が回っていますし、天体は複数の円軌道を組み合わせた運動をしています。そのため、結果的には全体として美しさを欠いた不自然さが目立つ、継

図 3.2
ダンテの『神曲』に表された世界

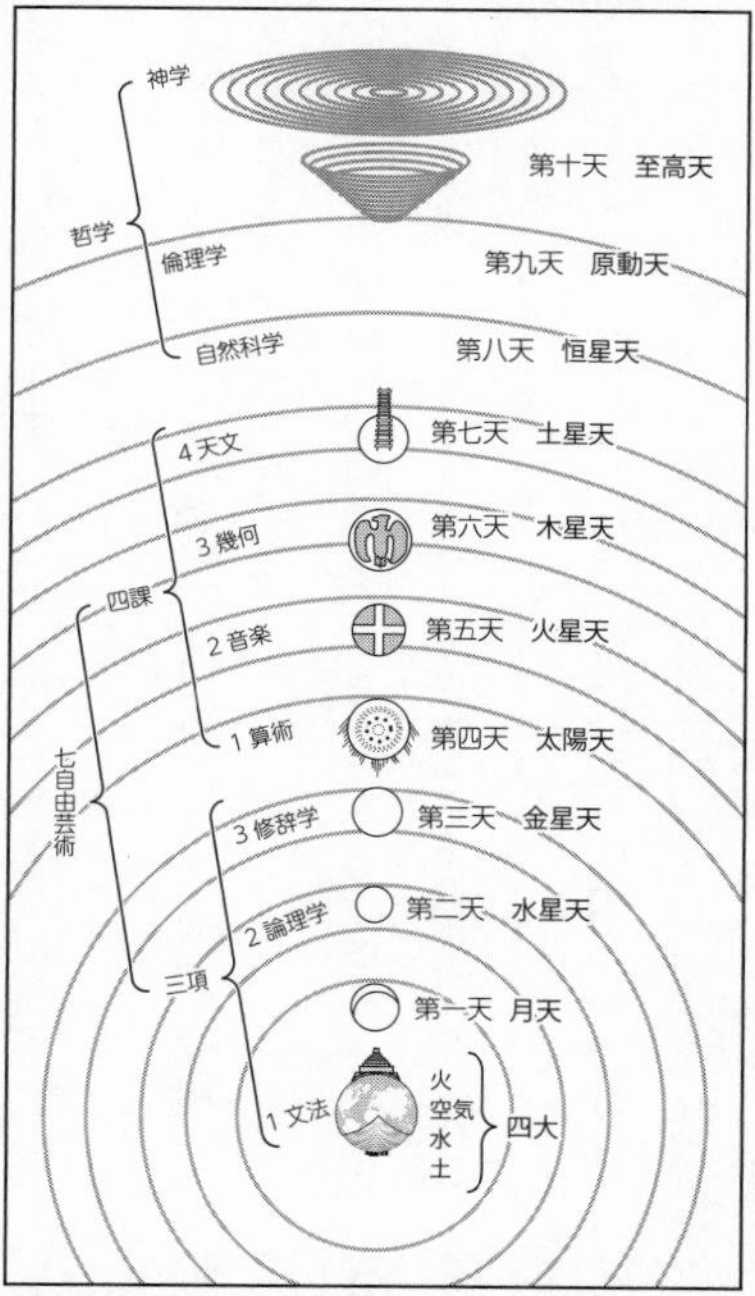

参考：野上素一訳『世界文學大系6 ダンテ』（筑摩書房）

ぎ接ぎだらけのモデルになっていました。

素朴な疑問に答える④——望遠鏡のない時代にどうやって惑星の順を把握していた?

Q　プトレマイオスの時代は当然望遠鏡なんてなかったはずですよね。それなのに、数々の惑星の存在や、水星・金星・火星……といった順番まで把握していたというのは驚きです。彼らはどうやってそんなことができたのでしょうか?

A　望遠鏡の発明を知り、それを初めて天文観測に応用したのは、ガリレオ・ガリレイで、1609年だとされています。したがってプトレマイオス以前の天文学者（というより、哲学者と呼ぶべきでしょうか）たちは、もちろん肉眼で天文観測をしていました。

太陽系内の天体に対しては、それらの見かけ上の公転運動が速いほど近くにあると考え、月、水星、金星、太陽、火星、木星、土星の順番であると推測しました。

肉眼だけでそこまで突き止めるとは、すごいことですよね。昔は夜空も暗いし、夜には他にやることもないので、必然的にじっと星を眺めて考える時間がたっぷりあったのも事実でしょうが、現代とは違い目を酷使することもなかったので、昔の人々は視力もよかったに違いありません。

宇宙像は常に美しくあるべきか？

より精密なモデルを求めるあまり、複雑になりすぎた地球中心主義を捨て去り、「地球は宇宙の中心ではなく、地球そして他の惑星もまた、太陽を中心として回っている」、すなわち地動説を採用すればはるかに単純な宇宙モデルが得られることに気づいたのが、ニコラウス・コペルニクスです。

2007年、私は英国のエジンバラ王立天文台で宇宙論の国際会議を主催しました。その際、図書館に所蔵されている『天球の回転について』（1543）を直接見る機会を得ました。これは、コペルニクスが本格的な地動説を発表した著書で、彼が死んだ当日に最後の校正刷りが届いたと言われています。私が撮影したページには、まさに太陽が中心で地球や他の天体がその周りを公転している図が描かれていました（図3・3）。

ただし、その時点では地動説のほうが必ずしも天動説よりも優れたモデルとは言えませんでした。長い時間をかけて完成されたプトレマイオスの宇宙モデルは非常にうまくでき

図 3.3　コペルニクス『天球の回転について』(1543)

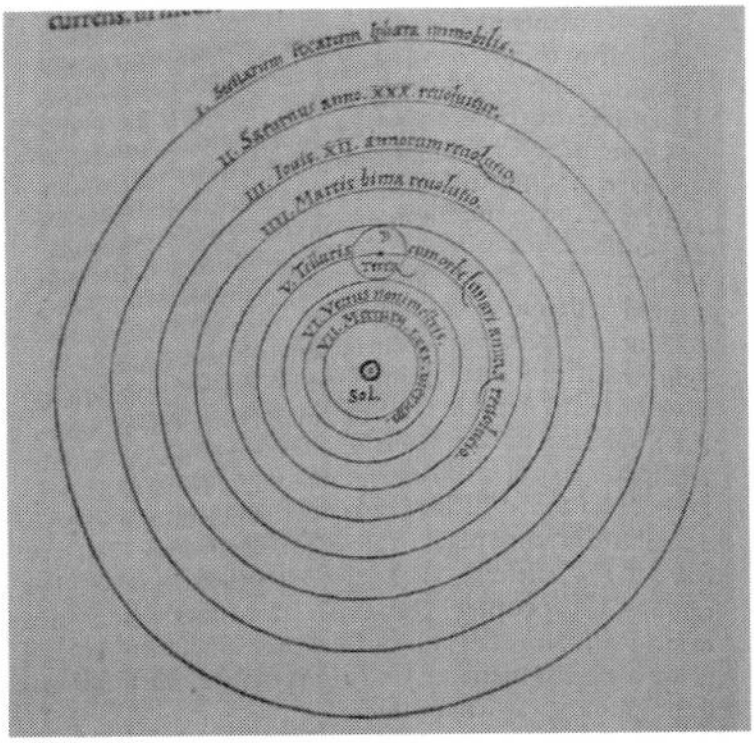

ており、ほとんどの場合、地動説と近似的には等価であることがわかっています。むしろ、そのモデルにどれだけ人為的な仮定を持ち込まざるをえないかが両者の違いです。このように、天動説から地動説へというまさに「コペルニクスによる転回」は、必然的に「自然さ」とは、そして「美しさ」とは何かという価値観に依存していました。

　かつては地球が宇宙の中心であり、天体の運行はすべて円軌道の重ね合わせであることが自然で美しいと思われていました。そのような「美しさ」を持たない宇宙像は論外だったのです。一方で、「この地球が宇宙の中心である理由はない、したがってそれは不自然な仮定ではないか」と疑う人が増えてくると、その仮定は途端に「美しさ」を失ってしまいます。

　同じく「円は楕円に比べて美しいから天体は円軌道をすべきだ」という主張も、何となく説得力があるように思えるものの、ではなぜ円軌道をしなくてはならないのか、と考え始めるとその理由は明らかではありません。

すでに述べたように、惑星が運動する軌道は円ではなく楕円であることは、ケプラーが観測的に発見し（図2・1）、その後ニュートンが数学的に証明（図2・2）しました。しかし、それらはいずれもコペルニクスの死後のことです（図3・4）。

したがって、コペルニクスの時代には、地動説と天動説のどちらが正しいかは明らかでなく、むしろどちらの仮定がより自然、あるいは「美しい」と納得できるかという価値観に依存したことでしょう。だからこそ、地動説を支持したガリレオ・ガリレイはカトリック教会から異端扱いされ有罪となったのです（驚くべきことに、ローマ教皇が、ガリレオ裁判が誤りであったことを認めたのは、有罪判決から350年後の1992年です）。

ところが、ニュートンによって、地球を含む惑星は一般に太陽を中心とした楕円軌道を運動することが証明されてしまうと、それまで勝手に美しいと思い込んでいた仮定が、途端に不自然で人為的なものとなってしまいます。今では、円軌道が楕円軌道よりも美しいと考える科学者はいないでしょう。それどころか、地球が宇宙の中心であるどころか、太陽が宇宙の中心であると考えるのも、明らかな間違いです。太陽は太陽系の（ほぼ）中心

図 3.4
ケプラーとニュートンの著書

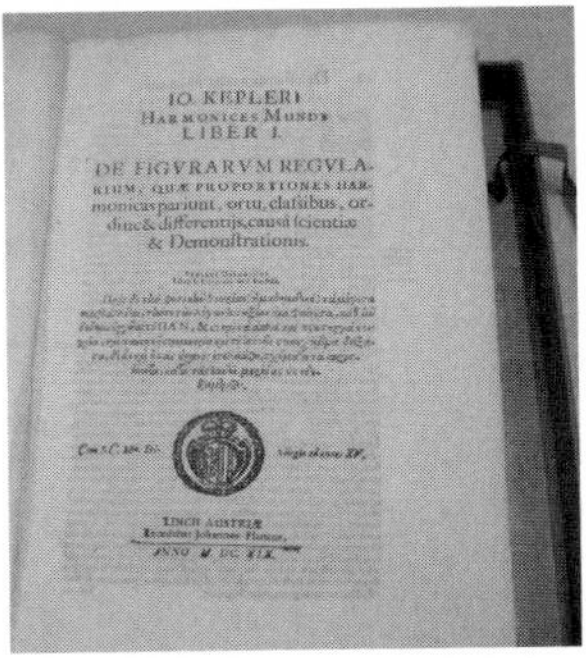

ケプラー『宇宙の調和』(1619)

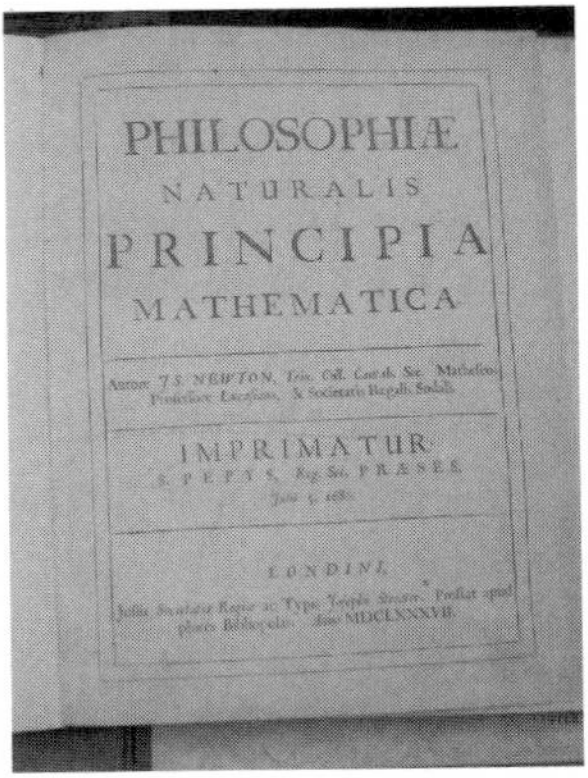

ニュートン『プリンキピア』(1687)

に位置するに過ぎず、太陽系と宇宙は全く異なるスケールの構造です。

現在、地動説が受け入れられているのは、それが極めて高い精度で観測データを説明できるからです。しかし、天動説であろうとさらに複雑怪奇な仮定を導入すれば、そこそこの説明は可能でしょう。一方で、理由もなくそのような人為的な仮定を持ち込むことは「不自然で美しくない」と考えられます。

宇宙が法則に支配されているというのは、そのような人為的な仮定を追加することなく、単純な法則だけからすべてを自然に導くことができる事実を指しています。

ニュートン理論が「間違っているはずがない！」

図3・1あるいは図3・2にもあるように、太陽系内惑星のうち、水星、金星、地球、火星、木星、土星の六つは、誰が最初に発見したかわからないほど昔から知られていた天体です。一方、その外側の三つ、天王星、海王星、冥王星（現在は準惑星に格下げ）は、ずっと最近になって発見されたので、それらの発見者はわかっています。

天王星は英国のウィリアム・ハーシェル（1738—1822）が1781年に、海王星はドイツのヨハン・ゴットフリート・ガレ（1812—1910）が1846年に、そして、冥王星は米国のクライド・トンボー（1906—1997）が1930年に発見しました。

天王星は偶然発見されたのですが、その軌道を詳細に観測したところ、ニュートン理論の予言とわずかに矛盾することがわかりました。考えられる可能性は、ニュートン理論は厳密には正しくない、あるいは、天王星の外側にある未知の惑星の重力のために天王星の軌道が影響を受けて変化している、の二つです。しかし、かの天才ニュートンの理論が間違っているなどありえないと考えたフランスのユルバン・ルヴェリエ（187

図3.5　アダムズとルヴェリエが予言した天王星の外側の惑星の軌道

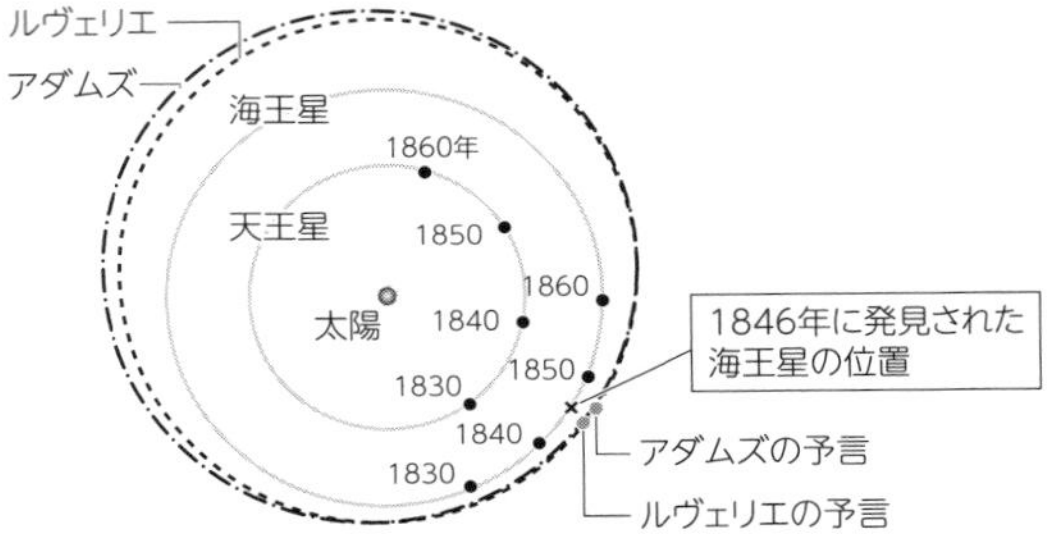

もっとも内側の円軌道上の1830、1840、1850、1860がその年の天王星の位置を示しています。アダムズとルヴェリエは、太陽、水星、金星、地球、火星、木星、土星の影響を考慮して、1846年までの天王星の軌道が観測値と一致するためには、その外側に未知の惑星が存在する必要があると考え、1846年にその惑星が存在する位置を予測しました。彼ら二人の予測は、その後発見された海王星の位置と極めてよく一致しています。

7）と英国のジョン・クーチ・アダムズ（1819―1892）は、1846年、天王星の軌道を説明できるように、その外側を公転する未知の惑星の存在、さらにはその位置までをも独立に予測しました。

そして、ルヴェリエの予言に基づいて観測を行ったガレが、見事に海王星を発見したのです。発見された位置は、ルヴェリエの予言からわずか0・9度、アダムズの予言から2・5度しかずれていませんでした（図3・5）。

言うまでもなくこの発見は、ニュートン理論の正しさを証明した大発見だと受け止められました。別の見方をすれば、太陽系内の天体が法則に厳密に従っていることを示す観測的証拠そのものと言えます。この宇宙における天体の運動は、数学の方程式に支配されていることが明らかになりました。

幻の惑星バルカン

ルヴェリエはもともと太陽系の惑星の軌道の安定性を研究していました。彼は1841年に水星の軌道を計算し、1845年に太陽の前をトランジット（通過）する時刻をわずか16秒の誤差範囲で正しく予言していました。しかし、彼はその程度の精度では満足できず、計算結果は出版していません。かなり厳密な研究者だったのでしょう。

そんな彼が次に取り組んだのが、当時太陽系のもっとも外側の惑星だと考えられていた天王星の軌道計算でした。その結果が、先に紹介した海王星の発見につながったのです。

この大成功を受けて、彼は再び水星の軌道研究に取り掛かることにしました。1859年には、太陽面のトランジット時刻が正確にわかっていた1697年から1848年までの計14回の観測データだけを用いて、水星の楕円軌道が1世紀に565秒角だけ余分に回転していることを突き止めました。これは水星の近日点移動と呼ばれています（図3・

6)。

この「秒角」という単位は耳慣れないかもしれません。見かけの角度にして1度の60分の1を分角、さらにその60分の1を秒角と呼びます。したがって、1秒角とは3600分の1度に対応します。夜空に浮かぶ満月の直径の大きさが約30分角(1800秒角)です。つまり、ルヴェリエは、観測される水星の軌道は、100年間に月の大きさの約3分の1の角度だけ余分に回転していることを発見したのです(図3・6)。

ルヴェリエは、この観測結果とは独立に、ニュートン理論による水星の近日点移動の予言値を計算しました。その結果は1世紀に527秒角(0・146度)、つまり観測値とは565－527＝38秒角(0・0105度)だけ矛盾していました。

海王星発見の成功体験を考えると、ニュートン理論が間違っているとは考えられず、今回は「水星の内側に未知の惑星(あるいは惑星群)があるために、観測値と理論予言が一致しないのだ」と彼は結論し、その仮想的な惑星をローマ神話の火の神にちなんでバルカンと名付けました。

ルヴェリエがこのバルカン仮説を発表した1859年、フランスのアマチュア天文家エドモン・モデスト・レスカルボーが、早速太陽面をトランジットする未知の惑星を発見したと報告します。その観測結果を信じたルヴェリエは、バルカンが確認されたと発表しました。実際、1860年にレスカルボーはその業績に対してナポレオン3世からレジオンドヌール勲章を授与されました。

このようにルヴェリエは、海王星に続いて世紀の大発見を導き、ニュートン理論の偉大さを再び証明したかに思えました。しかし、その後の追観測では、レスカルボーの結果が

図 3.6　水星の近日点移動の概略

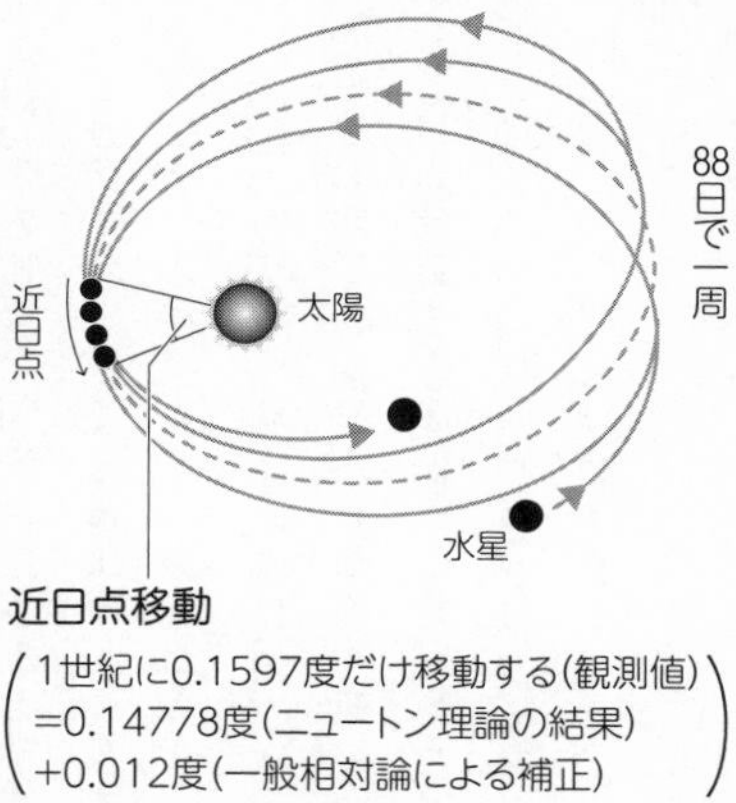

水星は太陽の周りを楕円軌道を描きながら88日周期で運動しています。太陽にもっとも近くなる位置を近日点と呼びます。もしも、水星以外の惑星が存在しなければ、この近日点の位置は変化しません（破線の軌道)。しかし、実際には他の惑星の影響で、近日点の位置は少しずつずれます。しかしそれらから予想される値だけでは観測値をすべて説明できませんでした。ルヴェリエは1859年に水星の内側に未知の惑星バルカンが存在すると仮定して、ニュートン理論の下でその矛盾を説明しようとしましたが、結局は1916年のアインシュタインの一般相対論によって完全に解決されます。

再現されず、結局その報告は間違いだったと結論されるに至りました。にもかかわらず、ルヴェリエは1877年に亡くなるまで、バルカンは実在し、やがて発見されるに違いないと確信していたそうです。

ちなみに、米国の天文学者サイモン・ニューカム（1835―1909）は、1895年に太陽系内惑星の質量の値を更新した上で、ルヴェリエの計算をやり直しました。その結果、水星の近日点移動の観測値は1世紀あたり575秒角（0・1597度）、これに対してニュートン理論の予言値は532秒角（0・147度）となり、それらのずれは43秒角（0・012度）であると結論しました。これは図3・6に示した現在の最新の結果とほとんど同じです。

この頃にはバルカン仮説はすでに信じられておらず、この1世紀あたり43秒角のずれは大きな謎として残りました。私であれば、これだけわずかなずれならば、観測の誤差に過ぎないだろうと全く気にしなかったことでしょう。しかしニューカムは、観測データではなく、ニュートン理論に問題があると考えたようです。

例えば、二つの物体間に働く重力が、ニュートン理論のように距離rの2乗に反比例するのではなく、2・000000016乗に反比例するのであれば水星の近日点移動のずれは解消されるという提案もされました。とはいえ、これはあまりにも人為的で美しくない提案です。後述のように、実際にはこのずれは、アインシュタインの一般相対論によって「自然」にかつ「美しく」説明されることになります（１９１６年）。

世界の振る舞いを近似するニュートン理論

ところで、水星の近日点移動に対する他の惑星の影響をニュートン理論だけで計算すれば、金星２７６・38秒角、地球91・41秒角、火星２・48秒角、木星１５３・98秒角、土星７・31秒角、天王星０・14秒角、海王星０・04秒角の総計５３２秒角（０・１４７度）となります。つまり、実際の観測値の約93％はニュートン理論だけで説明されることは強調しておきたいと思います。

私は一般相対論の講義を担当する際に必ず、「ニュートン理論は間違っているなどという主張は浅薄だ」と繰り返しています。実際、天文学を除くと一般相対論なしに困る分野はほとんどなく、ニュートン理論だけで十分信頼性の高い結果を出してくれます。ニュートン理論は物理学において、それほどまでに完成度の高い法則の例なのです。

すでに述べたように、我々が数学で記述できる物理法則によって、この世界を厳密に表現し尽くすことができるかどうかは自明ではありません。その意味で、その時点で知られている物理法則をより優れたものに更新していく過程が物理学そのものだとも述べました。ニュートン理論と一般相対論とはまさにその過程の一例に位置づけられるものなのです。

一般相対論の登場以前の状況は、これから物理学の将来を占う際の教訓となりそうです。つまり、その時点で知られている既知の物理法則と観測・実験結果が矛盾した場合、考えられる可能性を分類すれば、

① 既知の物理法則は厳密に正しく、宇宙には我々が知らない何ものかが存在する
② 既知の物理法則にはどこか綻びがある
③ そもそも宇宙を物理法則（数学）で完全に記述することはできない

となります。

海王星は①の成功例、バルカンは①の失敗例です。一方、重力の逆2乗則を、重力の逆2・0000016乗則に修正するのが②の例です。仮に今でもまだ一般相対論が発見されていなければ、その修正重力モデルが②の成功例とされていたかもしれません。しか

しながら、そのような人為的修正はどう考えても美しいとは思えません。その結果、それには満足できずにより深く、そしておそらくより美しい、物理法則を探る試みが続けられていたに違いありません。あるいは、ひょっとするとそれらをすっぱりと諦めて、③のような哲学的懐疑論に取り憑かれていたかもしれません。

幸いなことに、一般相対論は②の考察から生まれた、しかも誰もが納得するだけの美しさを兼ね備えた理論です。逆2・0000016乗則のように、水星の近日点移動の矛盾を説明するためだけに提案された人為的な仮定は一切ありません。

私たちの知性はネアンデルタール人レベルかもしれない

なぜ重力が存在するのか、物理学はどの観測者にとっても同じであるべきではないか、という本質的な疑問を追究することで論理的に導かれた理論が、一般相対論です。そして、アインシュタインはたまたま耳にした水星の近日点移動を自分が「発見した」一般相対論を用いて計算したところ、ニュートン理論では説明できなかった1世紀あたり43秒角というずれを見事に説明したことに大喜びしたと伝えられています。このような定量的な一致は、偶然では決してありえません。物理法則の厳密さ（精度の高さ）、さらには、宇宙は物理法則に従っている、という実感を与えてくれる端的な例だと思います。

一方で、このような健全な物理学の発展がこれからも未来永劫保証されているとは限りません。より根源的な法則の検証のためには、人類が達成できないほど高度の実験技術や高額の研究費が必要となり、現実問題としてそれ以上先に進むことができなくなる可能性は決して否定できません。そもそも、人類が宇宙のすべてを理解できるだけの高度な知性を備えている保証もありません。

私がしばしば紹介するたとえは、「ネアンデルタール人には一般相対論は理解できないはずだ。そして、究極の物理学を理解するのに必要な知性と比べると、我々人類はそのネアンデルタール人のようなレベルに過ぎないかもしれない」というものです。

さて、この話題は本書の最終章でさらに詳しく論ずることとして、とりあえずこのあたりでやめておきましょう。

素朴な疑問に答える⑤——科学者が美しさにこだわるのはなぜ？

Q　驚きだったのは、天文学者が「1世紀に○秒角ずれている」など、途方もなく細かいずれにこだわり続けていたことです。彼らがこんな頭が痛くなりそうなことに意義を見出すのはなぜなんでしょうか。

A　そうですよね。結局は、人間の好奇心・探究心のためではないでしょうか。もちろん、どんな疑問にこだわるかは、人によって全く違います。でも、かつての哲学者（＝現代の科学者）とは、この世の中の仕組みをどこまでも追究し、より正確に理解したいと考える人種です。現在の科学の研究現場でも全く同じで、今まで信じられてきた理論をとことん突き詰め、そのどこかに綻びを発見することに情熱を傾けている人たちで溢れています。

実際に世界観を変えるような発見に至るのは、ごく一部の才能と幸運に恵まれた人だけなのですが、そのような成功とは無関係に純粋に研究に喜びを感じる人が数多くいるのは、つまるところ、人間が持つ根源的な好奇心のためなのではないかと思います。

Q　プトレマイオスの時代から現代まで、科学者には「美しくなければ法則ではない」という強い信念のようなものを感じます。

A　私もそう思います。かつての哲学者の考え方の多くは、今から見れば、必ずしも正しいわけではありません。にもかかわらず、そのような「美しさ」が真実を突き止めるための道標として貢献してきたのもまた事実です。
「美しさ」という感覚自体が絶対的なものではないにせよ、それを追い求める態度は、人間が科学を進歩させてきた原動力だったし、これからもそうだろうと思います。

Q　そもそも一般相対論ってなぜこんなにも万能なんですか？　先人たちが苦労してきたことを、なんでも解決していますよね。

A　科学とは、先人たちが得た結果を出発点として、さらに優れた理論へと絶えず発展し続けるという著しい性質を持っています。これは、美術や音楽などの芸術ではほぼありえませんし、歴史や文学のような人文社会学ともかなり違います。
ニュートンは、科学が蓄積的に進歩できるという特徴を「巨人の肩に乗る」と表現しています。実際、一般相対論はニュートン理論があったからこそ完成したものですし、ニュートン理論もケプラーや、コペルニクス、プトレマイオス、アリストテレスたちが考え出した世界観の「肩に乗って」発見されたものだと言うべきでしょう。

つまり、一般相対論だけが万能というわけではなく、過去の失敗と成功をともに踏まえて発展してきた科学の最前線では、同じような状況なのだと思います。

プラネットXと冥王星

最後に、今や準惑星に降格されたかつての太陽系最遠惑星、冥王星の発見を巡る逸話を紹介しておきましょう。

パーシバル・ローウェル（1855―1916）は、米国の大富豪の息子として生まれました。特に火星に興味を持ち天文学者となり、1894年には私財を投じてアリゾナ州にローウェル天文台を設立しました。彼は火星に生物がいると信じており、ローウェル天文台で行った観測をもとにして、火星に関する著書を数冊出版したほどです（しかしそこにスケッチされている運河のような火星表面の観測パターンの存在は今では完全に否定されています）。

ローウェルは、1905年から亡くなる1916年までの11年間にわたり、太陽系の海王星の外にある可能性のある第9惑星探査を行いました。彼は、天王星と海王星の軌道の観測データとニュートン理論の予言とが矛盾していると信じており、それは海王星のさらに外側にある未知の惑星、プラネットXの存在を意味していると考えたのです。

ニュートン理論に従って、プラネットXの位置を予言する計算を行ったのはエリザベス・ウイリアムズ（1879―1981）で、彼女はローウェルが雇ったコンピュータ（computer）チームのリーダーでした。今でこそコンピュータは計算機のことですが、その発明以前には、文字通りcomputer＝計算する人だったのです。いずれにせよ、ローウェルは予想された位置の近くには、その未知の惑星を発見できないまま亡くなってしまいました。

1926年からローウェル天文台長となったヴェスト・スライファー（1875―1969）は、このプラネットX探査プロジェクトを1929年に再開します。そして1930年、そのプロジェクトを主導していたクライド・トンボーが、予測された位置付近にプラネットXを発見したのです。

その惑星の命名権を有したスライファーは、天文台メンバーの投票を経てプラネットXをプルート（Pluto）と名付けることにしました。ローウェル天文台を設立したパーシバル・ローウェルのイニシャル（PL）が最初の2文字に含まれていることがその理由の一つだとする説もあるようです。

ところで、プルートとは、ローマ神話における冥土の神です。日本では野尻抱影《のじりほうえい》が冥王星という訳語を提案し、今では中国や東アジアでもその名前が定着しています。

この話だけを聞くと、冥王星もまた海王星と同じくニュートン理論の偉大な予言力を示した成功例であるかのように思えます。しかし、その後の観測によって、冥王星の質量はローウェルが予想したプラネットXの値より3桁も小さい（地球の質量の0・2%でしかない）ことがわかりました。このことから、冥王星は天王星と海王星の軌道に影響を与えるほどの重力は及ぼしえず、ローウェルが予想したプラネットXではなかったことがわかりました。

今では、当時の計算で用いられていた海王星質量が0・5%程度過大に見積もられており、その値を修正すれば、天王星と海王星の軌道はニュートン理論で正しく説明できることがわかっています。

つまり、ローウェルは「間違った」データを「正しい」ニュートン理論で説明しようとした結果、プラネットXが存在すると誤解した。にもかかわらず、その予言通りの位置にはるかに小さな惑星が偶然発見された。それが冥王星であるというわけです。

このように冥王星の発見史は、今までの例とは逆の意味で極めて教訓的です。誤った観測データをもとに計算した結果が偶然の発見をもたらしたわけで、ある意味では、海王星の発見以上に驚くべき劇的な結末だとも言えます。

と同時に、偶然ではありえないほどの理論と観測の一致があったとしても、必ずしもそれらが正しいわけではない、という具体的な反例になっています。

第4章

宇宙は一般相対論に支配されているのか

アインシュタインは相対論を「発明」したのか、「発見」したのか

巨視的な宇宙を記述する際にもっとも重要となるのは一般相対論です。これとは対局にある微視的なスケールを記述する物理学は量子力学ですが、本書ではほとんどふれません。ただし、誕生直後の宇宙ではこの量子力学もまた本質的になります。

さらに、宇宙はなぜ、どのように誕生したかを理解するには、量子力学と一般相対論を統合した未完の物理学（量子重力、さらには究極理論と呼ばれることがあります）が必要だと考えられています。

宇宙そのものと物理法則との関係を議論する本書では、一般相対論が主役です。その具体例として、本章では曲がった空間と膨張宇宙、第5章では宇宙マイクロ波背景輻射、そして第6章でブラックホールと重力波について解説します。

とはいえ、それらを読み進める際に、一般相対論の基礎方程式、すなわちアインシュタイン方程式（図2・3）を、深く理解していただく必要はありません。例えば、お守り札のように、そこにはこの世界の振る舞いに関する呪文が書き込まれているんだなと信じて、折にふれ繰り返し眺める程度で十分です。そのうち少しずつ慣れ、親しみを覚えるように

なるのではないでしょうか。

さてそれはさておき、アインシュタインはこの一連の方程式を「発明」したのではない、という私の主張を再度説明することから始めましょう。

言うまでもないことですが、我々人類が登場するはるか以前から、この世界はその物理法則に従って動いてきました。水星の近日点が移動していることを発見したのは天文学者ですが、彼らが発見しようとしまいと水星がそのような運動をし続けていたことに変わりはありません。

物理法則の発見もまた、この観測事実の発見と同じです。すでに述べたように、物理法則がこの世界のどこに書き込まれているのかはわかりません。しかしアインシュタインが一般相対論を「創って」から、世界がその法則に従い始めたわけではありません。一般相対論という枠組みは、アインシュタインそして我々人類の存在とは無関係に、この世界のどこかに確実に存在していたはずです。このように物理法則は人類によって発見されてきましたし、（すべてかどうかは別として、新たな一部分は）これからも発見され続けることでしょう。

重要な大発見は、ほぼ同時に独立な人々によってなされるという歴史的事実も、この見方を支持しています。ニュートンは、運動の法則（図2・2）を書き下すために微分積分学という数学を「発見」しました。しかし、ほぼ同時期にドイツのゴットフリート・ライプニッツ（1646―1716）も微分積分学を「発見」しています。

オランダのヘンドリック・ローレンツ（1853―1928）が1904年に発表した論文は、1905年のアインシュタインの特殊相対論の重要な基礎となっています（特殊相対論に登場する重要な式がローレンツ変換と呼ばれているのはそのためです）。ドイツの大数学者であるダフィット・ヒルベルト（1862―1943）もまた、一般相対論の基礎方程式をアインシュタインとほぼ同時期に発表しています。

ヒルベルトに先を越されることを恐れたアインシュタインは、できるだけ早く結果を出して発表することだけを考えて焦っていたほどです。実際ほんの少しの差で、アインシュタイン方程式は、ヒルベルト方程式と呼ばれていたかもしれないのです。

これらの例は、世界を記述する物理法則とは、決して誰かが「発明」したものではなく、誰かに「発見」されるのを待っていると言っていいことを示しています。ニュートンやアインシュタインはまさに歴史上最初の発見者ですが、仮に彼らが生まれていなかったとしても、いずれは別の誰かが発見者となっていたに違いありません。

世界を記述する言語としての数学

ところで、アインシュタインが一般相対論の発見に至る過程では、物理法則は美しくあるべきだとの審美眼的価値観が大きな役割を果たしています。実は、ニュートンの法則を記述する方程式（図２・２）は、ある特別な条件を満たす座標系（観測者）に対してのみ成り立ちます。アインシュタインはそれを不自然だと考えました。そして、どのような座標系（任意の観測者）に対しても成り立つように、方程式を一般化するべきだと考えました。

この考え方を数学的に表現するためには、三平方の定理が成り立つユークリッド幾何学を超えた、曲がった空間を導入することが必要でした（三平方の定理とは、直角三角形の斜辺の２乗は、残りの２辺の２乗の和に等しいという定理で、ピタゴラスの定理とも呼ばれます）。

アインシュタインはあまり数学が得意でなかったため（むろんこれは上には上がいるという意味なのですが、これこそまさに彼が大数学者ヒルベルトに先を越されることを心から恐れていた理由です）、大学時代の友人であったマルセル・グロスマン（１９７８―１９３６）にリーマン幾何学という数学の存在を教えてもらい、それが一般相対論の発見において、重要な役割を果たしました。

このように、物理法則を表現するためには、微分積分学やリーマン幾何学といった数学が必要不可欠です。もしも数学が自然世界と無関係のものだとすれば、それは誰か賢い数学者が発明したと言っていいかもしれません。しかし、それらがこの世界を理解するために不可欠なものであるならば、それは人間が知っているかどうかとは無関係に、自然界ではすでに採用されていたことになります。

その意味では、数学もまた誰かが発明したのではなく、発見されたものだと解釈できますし、世界を記述する言語としての数学の驚異的な役割を改めて実感させられます。

日食観測による一般相対論の検証

一般相対論が、以前より知られていた水星の近日点の移動の謎を見事に解決したことは、先に紹介しました。しかし、アインシュタインを一躍有名にしたのは、太陽の近くを通過する光の進路が曲がるという一般相対論の予言の検証でした（図４・１）。この驚くべき結果について紹介しておきましょう。

英国のアーサー・エディントン（１８８２―１９４４）は数多くの業績をあげた大天文

図 4.1　光の湾曲を用いた一般相対論の検証

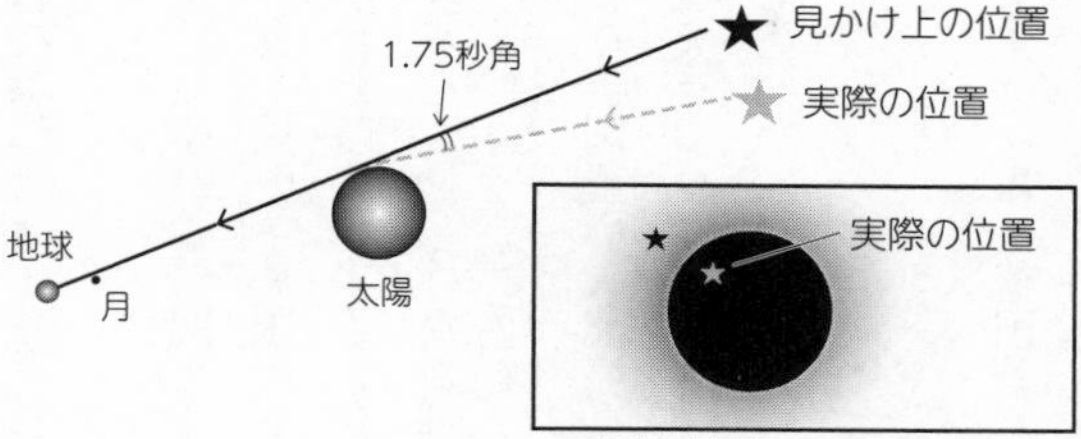

地球から見て太陽の後ろ側に星がある場合、その星からの光は、一般相対論によれば太陽の重力のために進路が最大1.75秒角だけ曲げられます。ニュートン力学を用いて計算した場合の曲がり角はその半分の0.87秒角です。この図のような配置の場合、通常なら、星は明るい太陽に隠れて観測できません（地球、月、太陽の大きさと距離は正確に描かれてはいませんが、地球から見て月が太陽を完全に隠す皆既日食の場合を示していると理解してください）。ところが、皆既日食が起こっていれば、太陽は隠されますから、その星の位置が観測できます。日食後数カ月もすれば、地球の公転のおかげでその星は昼間ではなく夜に観測できるようになりますから、そのときに再び測った位置と、日食時の位置を比較すれば、その曲がり角の大きさが、一般相対論の予言と一致するかどうかわかるのです。

学者として知られています。わずか30歳で、英国の天文学でもっとも権威のあるケンブリッジ大学プルミアン教授職に就き、さらに2年後の1914年にはケンブリッジ天文台長となったほどです。

アインシュタインが一般相対論に関する一連の論文を発表した1914年から1916年は第一次世界大戦の真っ只中。英国はドイツと交戦中でしたが、エディントンは中立国オランダにいた天文学者を通じてアインシュタインの原論文を入手できました。

無名の敵国学者が提案した怪しげな新理論に過ぎなかった一般相対論にもかかわらず、エディントンはその重要性を直ちに理解し、1917年、一般相対論が予言する光の湾曲を観測的に検証するよう英国王立天文協会に提案しました。

当時のグリニッジ天文台長フランク・ダイソンは、1919年5月29日の皆既日食がその検証に最適であることに気づき、エディントンをアフリカ西海岸のプリンシペ島に、アンドリュー・クロメリンをブラジルのソブラルにそれぞれ派遣し、異なる2カ所で独立に測定する計画を立てました。

ところが、1917年になると英国でも徴兵が始まり、34歳のエディントンはまさに該当者となったのです。オックスブリッジのエリートたちは真っ先に国のために戦うべし、というのが当時の世論でしたが、クエーカー信徒だったエディントンは、その中心的信条である平和主義に基づいて良心的兵役拒否者であることを明言していました。

そこで、ダイソンを始めとするケンブリッジの著名な学者たちが「エディントンのような優れた学者を戦争で失うことこそ英国の国益を損なうものだ」と、英国内務省に働きかけた結果、「戦争が1919年5月29日までに終結した場合、エディントンはプリンシペの日食観測隊を引率するべし」という条件のもとで彼の兵役延期を取り付けたのです。

実際にプリンシペで1919年5月に観測を行うには、遅くとも2月までには英国を出発する必要があります。ドイツとの休戦協定が結ばれたのは1918年11月ですから、まさにギリギリのタイミングでした。しかも、観測当日、プリンシペの空は暗雲が垂れ込み、雲の合間からぼんやり太陽が現れたわずかな間隙に何とか皆既日食が観測できた程度でした。

最終的には、1919年11月6日、エディントンはロンドンの会議で1・61±0・41秒角という値を発表し、ニュートン理論ではなく一般相対論が正しいことを示しました（図4・2）。実はそのデータには数多くの問題があり、当時は解釈の信頼性について疑問を持つ人々もいたようですが、その後の観測によって一般相対論の正しさは高い精度で証明されています。

例えば、木星とその衛星を用いた電波観測からは、光の曲がり角の測定値と一般相対論の予言値の比として0・9999±0・0002が得られています。この驚くべき一致が示す通り、やはりこの世界の振る舞いは一般相対論に支配されているようです。

アインシュタインは幸運の持ち主?

ところで、このエピソードの裏にはさらに大きな偶然が潜んでいます。1911年、アインシュタインは、未完成であった一般相対論を部分的に用いたところ、光の曲がり角が、正しい値の半分、すなわちニュートン理論にもとづく値と同じになるという(間違った)結果を発表しました。

それをもとに、1912年にはアルゼンチンの日食観測隊がブラジルで光の湾曲を測定することになっていたのですが、幸か不幸か悪天候のため観測できませんでした。また、1914年にはドイツがクリミアへ日食観測隊を派遣したのですが、第一次世界大戦が勃発したため、やはり観測は実行されませんでした。

もしこれらの観測が実際になされていたら、1911年のアインシュタインの(間違っ

図 4.2　1919年の日食観測による一般相対論の検証を伝えるニュース

LIGHTS ALL ASKEW IN THE HEAVENS

Men of Science More or Less Agog Over Results of Eclipse Observations.

EINSTEIN THEORY TRIUMPHS

Stars Not Where They Seemed or Were Calculated to be, but Nobody Need Worry.

A BOOK FOR 12 WISE MEN

No More in All the World Could Comprehend It, Said Einstein When His Daring Publishers Accepted It.

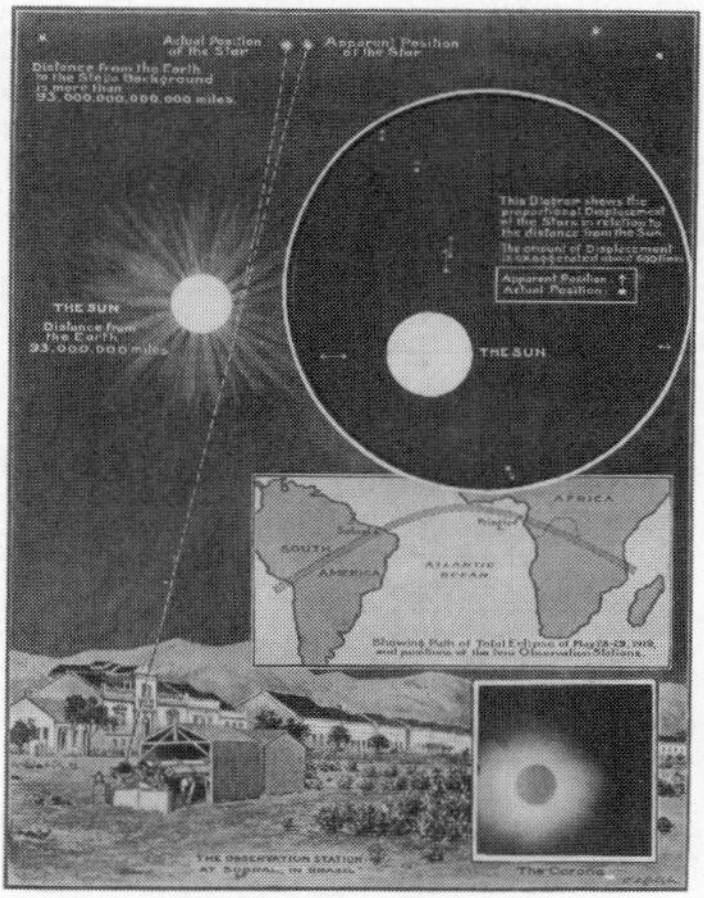

左・ニューヨーク・タイムズ（1919年11月10日）、右・ロンドンニュース（1919年11月22日）。一般相対論の予言そのものは難しくて理解できなくても、日食を用いた光の湾曲観測はわかりやすく、あたかもサイエンスショーを見ているような感覚で楽しめます。そのためエディントンの観測結果は、またたくまに世界中に知れ渡り、アインシュタインは一躍世界でもっとも有名な物理学者となりました。

た）予言が否定されていたかもしれません。その場合、一般相対論が正しい理論であると認めてもらうにはさらに余分な時間がかかったことでしょう。

あるいは逆に、第一次世界大戦の休戦協定が1918年より後に遅れていたとしたら、エディントンは日食観測に行くことはできず、ひょっとしたら戦場で命を失っていたかもしれません。その場合もまた、一般相対論がここまで注目されることはなかったかもしれません。「歴史にif《イフ》はない」とよく言われますが、いずれにせよアインシュタインはかなりの強運の持ち主だったのかもしれません。

素朴な疑問に答える⑥——空間が曲がるってどういうこと？

Q　今回は一般相対論が主役だったために、今まで以上に難しく感じました。もう一度基本的なところから教えてください。アインシュタインの一般相対論はユークリッド幾何学の世界を超えた、「曲がった空間」を規定するもの、ということでした。けれど、「空間が曲がる」というのが、どうも直感的に理解できずにいます。

A　もっともだと思いますし、ある意味では理解とは慣れにほかならないので（門前の小僧習わぬ経を読む、と言いますよね)、あまり気にしないでください。

その上で説明するならば、2次元平面(ユークリッド幾何学、あるいは曲がっていない平坦な世界)と2次元球面(非ユークリッド幾何学の一例)の比較から始めるのがよさそうです。

2次元平面では、任意の二つの平行な直線はいつまでも交わることなく無限に延びます。これに対して、2次元球面、例えば地球の表面を想像してください。

赤道上の異なる経線(経度が一定の線)はすべて互いに平行です。ところがそれを延ばしていくと、やがて北極あるいは南極ですべては交わります。これとは逆にある

図4.3
空間が曲がっているとは

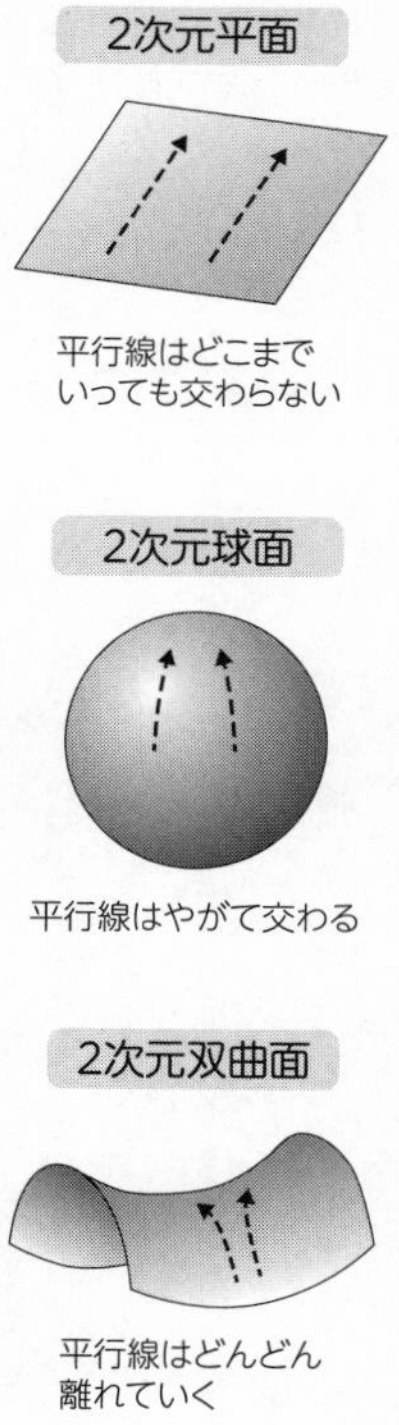
2次元平面
平行線はどこまで
いっても交わらない
2次元球面
平行線はやがて交わる
2次元双曲面
平行線はどんどん
離れていく

場所で平行だった二つの線を延ばすと、それらが互いに遠ざかりやがて無限に離れる場合もありえます（図4・3）。

これらが、空間が曲がっているという意味です。これらの2次元の例を3次元に拡張してイメージするのは難しいのですが、我々の住む空間も一般には曲がっていると考えられます。

Q　なぜ重力があると空間が曲がるのですか？

A　より正確には、質量を持つ物質が存在すると空間が曲がり、それが重力を生む、と言うべきなのです。第6章でもう少し詳しく説明しますので、しばしお待ちください。

とはいえ、質量があるとなぜ空間が曲がるのか、と詰問されると満足できる説明はできそうにありません。そう考えれば、質量を持つ物質間に重力が働くことを示すことができますし、さらに多くの現象を自然に（美しく）説明できるから、と言うしかなさそうです。その事実を認めれば、空間が曲がっているという幾何学的な性質を通じて、重力という物理法則を説明できるのです。これを物理学の幾何学化、と表現することがあります。

このように、自然法則と数学（今の場合は、特に幾何学）は密接に結びついています。本当に不思議なことです。

Q　この地球上の私たちが見ている世界もゆるやかに曲がっているのですか？

A　はい、その通りです。しかしそれを思い浮かべることは容易ではありません。というのも、図4・3で例として取り上げた2次元球面の場合、我々はそれを（曲がっていない）3次元空間内に浮かぶ2次元面というイメージで眺めているのです。だからこそ、その2次元球面が曲がっていることを直感的に理解できるのです。同様に、曲がった3次元空間を直感的に理解するためには、4次元空間を思い浮かべることが必要です。それは私にはできません（一部の優れた数学者の方は可能なようです）。

しかし、想像はできずともそれを実際に確認することはできます。例えば、地球の表面を進むアリを考えてください。アリは、地球全体のイメージを持っておらず、自分のごく近くの領域しか把握できません。したがって、地球が球面なのか平面なのかはわからないでしょう（我々も水平線を眺めたり、飛行機に乗って移動したりするとき以外は、日常生活において地球が丸いことはすっかり忘れていますよね）。ところが、2匹のアリが赤道上の異なる経線に沿って同時に同じ速度で北に移動し始めた場合、北極でぶつかります。それを通じて、「原理的には」アリは地球が丸い（表面が曲がっている）ことを確認できることになります。

同じく、この宇宙空間で二つの物体を平行に運動させた場合、その「直線」間の距離が変化すれば、その空間は曲がっていることを意味します。そして、その距離を変化させるように働く力が重力だというわけです。つまり、重力が働くという事実そのものが、この空間が曲がっていることの証明になっています。

いささか禅問答的ですが、空間が曲がっているから重力が生まれる、逆に重力があることから空間が曲がっていることがわかる、というわけです。

アインシュタインの「人生最大の失敗」

アインシュタインは、現在アインシュタイン方程式として知られている一般相対論の基礎方程式に基づいて宇宙がどのように振る舞うのかを計算した結果、無限の過去から無限の未来まで、ずっと同じ状態のままであり続ける静的な宇宙はあり得ず、宇宙は必然的に時間変化することを「発見」しました。

今の我々であれば、「宇宙が時間変化しても別にいいじゃん」と簡単に納得することでしょう。しかし、その当時、特に西欧においては「神が創られた宇宙は完璧なものであり、それが時々刻々変化するなどもってのほかだ」と考える人々が大多数でした。このように時間変化する宇宙という結論は、アインシュタインにとっては悩みの種でした。

そこで彼は、一般相対論が静的宇宙解を持つように、もともとのアインシュタイン方程式（図2・3）に新たな項を付け加えました。これはアインシュタインの宇宙項と呼ばれ、それに対応する定数Λ《ラムダ》は宇宙定数と呼ばれています（図4・4）。

ダーウィンの進化論を学校で教えることを禁止した州があったり、今でも国民の4割が進化論を信じていないとされたりする米国の例を考えれば、このような宗教的な偏見が科学に影響を与えることは、決して過去の話ではありません。そのような偏見とはほぼ無縁な日本は世界的に珍しいというべきなのです。

さて、図4・4を見ればわかる通り、宇宙定数Λを0とすれば、図2・3の式に帰着するので、図4・4のほうがより一般的な式であるのは確かです。しかしながら、このΛ項を導入すべき積極的理由がない限り、勝手にそれを追加してしまうと一般相対論の美しさを減じてしまう、とアインシュタインは考えました。古くからの宇宙観と物理学理論の美しさの間で、アインシュタインはとても悩んだのです。

図4・4で、アインシュタイン方程式を具体的に書き直した二つめの式を眺めるとΛの効果がわかりやすいと思います。その右辺の第1項は36ページで紹介した万有引力の法則に対応しています（図2・2の三つ目の式とじっと見比べてみてください。よく似ていますよね）。この第1項の前に負号がついているのは、重力が引力であることに対応しています。ニュートン力学では、この第1項しか登場しません。そのために、宇宙膨張の加速度に対応する左辺の符号は常に負、つまり、宇宙は必ず減速しながら膨張することを意味しています。

ところが、図4・4の二つ目の式の第2項にあるΛの値をうまく選べば第1項と互いに打ち消し合うことがありえます。その場合、左辺の宇宙膨張の加速度も0となります。またさらに、宇宙膨張の速度もまた同時に0とすることも可能です。これが、aの値が時間変化しない静的宇宙解です（かつてはアインシュタインモデルと呼ばれていました）。

こうして宇宙は時間変化してはならないと考えたアインシュタインは、1917年に渋々宇宙項を追加することに決めたのです。

図 4.4　静的な宇宙を成り立たせるために宇宙定数Λを付け加えたアインシュタイン方程式

$$R_{\mu\nu}-\frac{1}{2}Rg_{\mu\nu}+\Lambda g_{\mu\nu}=\frac{8\pi G}{c^4}T_{\mu\nu}$$

⇩

$$\frac{d^2a}{dt^2}=-\frac{GM}{a^2}+\frac{\Lambda}{3}a$$

アインシュタインは、時間変化しない静的な宇宙が解として存在するように$\Lambda g_{\mu\nu}$という項を左辺に付け加えました（1917年）。この式を、宇宙膨張の度合いを示すパラメータa（スケール因子と呼ばれ、厳密には正しくありませんが宇宙の大きさに対応する量だと考えてもらって結構です）の方程式に変形したものが２つめの式です。左辺はaの時間に関する２階微分で、いわば宇宙の加速度に対応します。アインシュタインは、符号が異なる右辺の２つの項がお互いに打ち消し合って０になる場合が、我々が住んでいる静的な宇宙モデルだと考えました。

しかし、ハッブルが実際に宇宙が膨張していると発見したことを知ったアインシュタインは、「人生最大の失敗」だとしてこの宇宙項の導入を撤回します（1931年）。ところが、最新の観測データは、この宇宙項がなくてはうまく説明できないことが明らかになっており、Λ項は実在すると信じられています。このようにΛ項を導入した理由は間違っていたものの、アインシュタインはやっぱり正しかったようです。

米国のエドウィン・ハッブル（1889—1953）は、遠方の銀河が我々から遠ざかる速度とそれらの銀河までの距離が比例しているとする論文を1929年に出版しました。通常、この比例関係はハッブルの法則と呼ばれ、宇宙が膨張している観測的証拠として知られています。

ハッブルの研究結果から観測的には宇宙が膨張していることを知ったアインシュタインは、1931年の論文で宇宙項がもはや必要ないことを認め、それを撤回しました。その際に彼は「宇宙定数の導入は自分の人生最大の失敗だった」と述べたとされています。あのアインシュタインでも間違えるのかという驚きもあり、「人生最大の失敗」という言葉は広く知られるようになりました。

ところで、ベルギーのカトリック司祭で宇宙論の研究者でもあったジョルジュ・ルメートル（1894—1966）が、ハッブルより2年早い1927年にこの比例関係を発見していたことが明らかになっています。残念なことに、彼の原論文はフランス語で書かれており、しかもあまり有名ではない雑誌に掲載されていたため、その事実は長い間ほとんど知られていませんでした。この事実が広く認められるようになったため、世界中の天文学者の組織である国際天文学連合は、2018年、今後はハッブルの法則ではなくハッブル・ルメートルの法則と呼ぶことを推奨する決議を可決しました。

素朴な疑問に答える⑦――宇宙定数と重力はどんな関係があるの？

Q　宇宙項・宇宙定数の内容・性質について、もう少し具体的に知りたいと思います。重力とどんな関係があるのでしょうか？

A　宇宙定数は、引力ではなく斥力（反発する力）を生み出すという性質を持っています。あまり正確な言い方ではありませんが、負の重力と考えることもできます。

ただし、その効果は極めて小さく、日常生活ではもちろん無視できますし、現在の技術ではいかなる実験装置を用いても直接検出は不可能です。この宇宙定数が重要な影響を与えるのはまさに宇宙そのものに対応するほどの大きなスケールでの現象だけです。

逆に、そのようなスケールでは、通常の物質同士の重力を上回り、宇宙膨張を加速させるという驚くべき効果を生み出しています。この宇宙の加速膨張については、この後すぐに詳しく説明します。

蘇るアインシュタインの宇宙定数

このように、宇宙が時間変化していることが定着すると、宇宙定数は理論的にはもはや不要なお荷物だと見なされるようになりました。それが存在しない（つまりΛ＝0）ことを証明するのは極めて困難です。しかし、宇宙論研究者の大半はそれをほぼ無視し続けていました。

ところが、アインシュタインが撤回してから半世紀以上経った1980年代末頃から、宇宙の観測データの質と量がともに飛躍的に向上し、実はΛ項がやはり必要ではないかと考えられ始めたのです。私が博士号を取得したのはまさにこの時期であり、実際に宇宙定数を主たる研究テーマとしていました。

特に日本においては、1990年代初めには、宇宙論の理論研究者の間で、宇宙定数が存在することはほぼ確実だとの理解が共有されていました。国際的には、米国のプリンストン大学やテキサス大学、英国のケンブリッジ大学など、宇宙定数の存在を支持するグループもありましたが、それらはむしろ例外で、懐疑的な研究者が多数を占めていたと思います。これは今から思えば、かつてのアインシュタインと同じく、美しい理論に不自然さを持ち込むべきではないとの価値観に引きずられていたためだったのでしょう。

例えば、1995年には米国のローレンス・バークレー国立研究所のソール・パールムターのグループが、遠方の超新星を用いた観測から、宇宙定数は存在しないとする論文を発表しました。その年に京都で開催された国際天文学連合総会の際のシンポジウムで、パールムター氏が行った講演に対して、私は「理論的には宇宙定数が存在するという間接的証拠が積み上がっているが、あなたのグループの観測結果はどこまで確実に宇宙定数を否定していると考えているのか」と質問しました。これは、その当時、宇宙定数の存在を支持していた日本の理論研究者の疑問を代表したものだったように思います。

実際その後、彼のグループ、及びハーバード大学のブライアン・シュミットとアダム・リースたちのグループは、互いに独立に多くの観測データを追加し、それらに基づいた解析結果から、宇宙膨張は減速ではなく加速していると結論する論文を1998年に発表しました。これは図4・4の二つめの式の右辺第2項が第1項より大きいことを意味しますから、$\Lambda>0$でなくてはなりません。つまり、正の宇宙定数が存在することを強く示唆する結果です。さらにその後の観測が積み上がるにつれて、その結果はより確実になりました。そしてこの宇宙の加速膨張の発見によって、パールムター、シュミット、リースの3

名は、2011年のノーベル物理学賞を受賞しました。

ところで、その当時の状況を指して、「彼らの発見は、それまで予想もされていなかった宇宙定数の存在を示した衝撃的な結果であった」と述べる人も多くいるようですが、これは明らかな間違いです。意図的に話を盛っているのか、あるいは単にその前後の研究の流れを知らないだけなのかはわかりません。

しかし先述のように、少なくとも私の周りの研究者たちは、宇宙定数が存在しないとした1995年のパールムターの最初の論文にこそ驚いたものの、それを自ら否定した1998年の論文の結果に対しては、「やっぱり予想通りだったね」といった反応だったと思います。

ガモフが残した逸話は本当か?

このように今では、宇宙定数は不要どころか、この宇宙を特徴づける重要なパラメータの一つであることが確立しています。そのため、「アインシュタインが捨て去った宇宙定数が復活した」、「宇宙定数の導入はアインシュタインの人生最大の失敗ではなかった」、さらには「人生最大の失敗として捨て去ったこと自体が、アインシュタインの人生最大の失敗だった」などの言葉が、科学解説記事では頻繁に登場しています。

ところで、私はビッグバンモデルの提唱者であるジョージ・ガモフ（1904―1968）のファンです。特に、彼の自伝*My World Line*は、大学院生の頃に読んで以来、愛読書の一つとなっています。その中に、ガモフがアインシュタインと宇宙論の議論をしていた際、宇宙定数の導入は「我が人生最大の失敗（the biggest blunder of my life）」だったと聞かされたというエピソードが書かれていることを、特に印象深く覚えています。

その後、アインシュタインがこの有名な言葉を述べた記録は、このガモフの本だけであることを知り、とても驚きました。それ以降、宇宙定数の講演をする際には、「人生最大の失敗というアインシュタインの有名な言葉は、正式にはガモフの本から広められたもので、本人が直接述べたものではありません」と蘊蓄《うんちく》を垂れるのを常としていた時期がありました。

ところが、米国の天文学者マリオ・リヴィオは、その著書『偉大なる失敗』のなかで、過去の文献を詳しく調べた結果、「人生最大の失敗」とは、ガモフがでっち上げたアインシュタインとの架空の会話に基づいた言葉でしかない、と結論しています。ガモフのジョーク好きはよく知られており、このアインシュタインの発言も、ガモフが盛った話に違いない、というわけです。

一方で、当時のガモフ及びアインシュタインと直接会話をした複数の物理学者の証言をもとに、「人生最大の失敗」との発言がガモフの自伝にしか残っていないのは事実であるが、それはガモフの作り話ではなく、アインシュタインが実際に述べたのだと結論する科学史家の論文も発表されています。

このエピソードがここまで掘り下げられるのもアインシュタインだからこそと言えるでしょう。いずれにせよ、アインシュタインが実際にこの言葉を使ったかどうかは別として、彼が宇宙定数には何ら魅力を感じていなかったことは事実だったようです。にもかかわらず、この宇宙に宇宙定数が実在しているとは、皮肉かつ驚くべきことだと思います。

一般相対論を巡る歴史から学ぶこと

本章では、アインシュタインが発見した一般相対論とそれが予言した進化する宇宙について、研究の歴史を踏まえて紹介してきました。私がお伝えしたかった結論は、必ずしも一般相対論を理解せずともわかり、むしろはるかに単純です。それらを箇条書きにまとめておきましょう。

・物理学の基礎法則は、この世界（あるいは宇宙）のどこかに刻み込まれている。物理学者は、それらを発明するのではなく、発見するのである。
・理論物理学者が法則の発見に至るために用いる指導原理は、多くの場合、法則は美しいという信念である。それが本当に正しいかどうかは証明できないものの、今まで知られている物理法則は、そのような信念を拠りどころとして発見されてきた。
・発見された法則を数学の方程式として書き下してみると、それは直感的予想とは異なる解を持つことがある。その場合、その方程式ではなく、今までの直感のほうが間違っている可能性が高い。数学的結論を疑うのでなく、逆にそれを信じて観測的・実験的に検証すれば新たな世界観が見えてくる。このように、方程式の数学的な解は、理想化された非現実的なものどころか、必ずこの宇宙のどこかに対応物が実在しているらしい。
・物理法則は、最初に発見した人の理解を超えた重大な意義を持つ。そしてそれは、長い時間をかけて次の世代の研究者たちが徐々に明らかにする。正しい理論の予言は、当初いくら検証困難であると考えられようとも、やがては観測あるいは実験の進歩によって直接検証可能となる。

素朴な疑問に答える⑧——アインシュタインとハッブルのライバルについて

Q　一般相対論のほかに、「特殊相対論」というものを聞いたことがあります。これは何が違うのでしょうか。

A　特殊相対論は、光の速度に近いような高速で運動する物体を記述する理論です。ニュートン理論は、そのような現象に対しては正確な記述ができないことがわかっています。しかし、特殊相対論は、あくまでユークリッド幾何学に従う空間だけを考えており、曲がった空間は取り扱いません。そのために、重力をうまく説明することができないのです。アインシュタインは、1905年に特殊相対論を発表しましたが、それから重力を含むより一般的な理論である一般相対論に到達するまでにさらに10年かかりました。

また、特殊相対論そのものは高校数学の知識程度で理解できるので、一般の人々が単に相対論（あるいは相対性理論）と言う場合は、たいてい特殊相対論を指しています。

一方、物理学者のような特殊な人種、その中でも宇宙論や素粒子論の研究者が相対論と言う場合は、一般相対論を指す場合がほとんどです。

つまり、「一般」の人々にとって相対論とは特殊相対論を指し、「特殊」な人々にとっての相対論は一般相対論を指す、という奇妙な対応になっています。

Q　アインシュタインにはライバルがいたのですね。ヒルベルトとの関係について、もっと教えてください。

A　ダフィット・ヒルベルトは、20世紀にもっとも大きな影響を与えた大数学者の一人です。彼の業績は数学全般にわたる驚異的なものですが、アインシュタインとほぼ同時期に、一般相対論の数学的定式化に成功していたことも知られています。

アインシュタインは、物質世界の振る舞いに対する物理学的な考察から出発して、すでに知られていた数学を利用することで特殊相対論と一般相対論を発見しました。これに対してヒルベルトは、純粋に数学的な原理だけから出発すれば、論理的にこの世界に対応する物理学を導くことができるのではないか、と考えていました。このため、ヒルベルトは、特殊相対論を発表したあとで一般相対論の完成を目指していたアインシュタインの研究に注目していたのです。

ヒルベルトは1912年に、アインシュタインを自分が所属しているゲッティンゲン大学に招待し、1週間の講演を依頼しました。アインシュタインはこの滞在中に、ヒルベルトの卓越した数学の才能のみならず、彼の政治思想にも深く感銘を受けたようです。そしてこれをきっかけに、彼らは互いに連絡を取りつつ、しかし独立に(今ではアインシュタイン方程式と呼ばれている)一般相対論の基礎方程式の発見を巡る競争を続けることになります。

1915年に、アインシュタインは「ほぼ」正解にたどり着いたと確信しました。しかしすぐに、あのヒルベルトならば、すでにこの正解を発見してしまっているのではないかと不安になりました。そこで、アインシュタインは自分の発見の先取権を守るために、その時点で得られていた結果をまとめて、11月4日にプロイセン科学アカデミーで発表しました。そしてその数日後に、ヒルベルトにその結果に短い説明を加えた手紙を送っています。しかも、「この結果にいたる重要な変更は自分が4週間前に行った研究に基づいています」としっかり念を押しているのです。

それに対してヒルベルトは、一般相対論に関する自分の研究結果を11月16日のゲッティンゲン大学のセミナーで発表する予定だとアインシュタインに伝えます。のみならず、アインシュタインにもそこで発表してほしいと持ちかけ、もしよければ自宅に泊まってくれてもいいとまで申し出ました。アインシュタインは体調の問題を言い訳としてこの招待を断りましたが、これからも新たな研究結果が出れば手紙で教えてくれるように頼んでいます。

その一方で、アインシュタインは、得られた方程式を用いて水星の近日点移動の計算を行っており、1世紀あたり43秒角という結果を得ます（73ページおよび図3・6参照）。興奮したアインシュタインは、その喜びを伝える手紙を11月15日に友人に送っています。さらに、11月18日には「一般相対論から、何ら余分の仮定なしに、水星の近日点移動を定量的に導いた論文を本日アカデミーで発表します」との手紙をヒルベルトに送っています。

しかしヒルベルトは、11月20日のゲッティンゲン王立科学アカデミーで、アインシュタインがまだ導いていなかった一般相対論の完全な方程式を発表しました。そこでは、研究の出発点を正しく打ち立てたアインシュタインの功績を認めた上で、正しい答えを発見したのは自分であると遠回しに主張しました。アインシュタインが最終的な方程式を発表したのはその5日後のことでした。

ただしヒルベルトは、その後の12月6日に、アインシュタインの先取権を認めるように論文を修正しましたし、アインシュタインもヒルベルトに対立を終えることを望む短い手紙を12月20日に送っています。

一般相対論の「発見」を巡る物理学者アインシュタインと数学者ヒルベルトの先取権を巡る歴史は、科学史家の方々の専門領域ですので、これ以上の解釈は私にはできません。しかしこの例からも、物理法則が数学によって記述されている、そして、物理法則は誰かが発明するのではなく、誰かに発見されるものである、という私が繰り返している主張に納得していただけたのではないでしょうか。

Q　科学には、「誰が最初に発見するのか」という壮絶な戦いがあるのですね。そういえば、宇宙膨張を発見したのも有名なハッブルだけではなかったというのも驚きました。

A　はい、100ページで少し紹介したエピソードのことですね。ハッブルが、遠方天体の速度と距離が比例していることを発見した論文を発表したのは1929年です。しかし、ベルギーのカトリック司祭で宇宙論の研究者でもあったジョルジュ・ルメートルは、すでに1927年に同じ結果を発表していました。ただし、原論文はフランス語で書かれており、しかもほとんど知られていない雑誌に掲載されていました。そのために1931年にその英訳版が英国王立天文学会月報に再掲載されています。ところが興味深いことに、その英訳版（翻訳者は明記されていません）からは、フランス語原論文に明記されていた「ハッブルの法則」に関係する数式、説明、脚注が完全に削除されているのです。この事実は、科学史家や一部の研究者には知られていたのですが、2011年6月にある天文学者が指摘して以来天文学者の間に広く知れわたり、その謎と犯人捜しが始まりました。

有力とされた説は大きく二つに分かれます。宇宙膨張発見の栄誉を自分のものにしたいと考えたハッブルが圧力をかけたとする説と、著名な学者であるハッブルを怒らせることを恐れた英国王立天文学会月報編集部が忖度《そんたく》したという説です。

これらの仮説を裏付ける根拠として集められた多くの傍証によって、宇宙膨張を発見した科学上の偉人であるハッブルは、すべてを自分の業績にしないと気が済まず、独占欲が強い卑怯で傲慢な人物に仕立て上げられました。一方で、ルメートルはベルギーのルーヴェンカトリック大学の教授であると同時にカトリック司祭であったという事実もあいまって、世俗的な名誉などには全く関心のない謙虚で純粋な学者像を与えられました。おかげで、上の二つの仮説はいずれも十分説得力をおび、私もついつい信じ込んでいました。

ところがその後、米国の天文学者マリオ・リヴィオ（アインシュタインが宇宙項を「人生最大の失敗」と述べたというのは、ガモフの作り話だと主張した人でもあります）が、意外な真相を突き止めました。彼は、王立天文学会月報編集長がルメートルに宛てた1927年2月17日付の手紙を発見したのです。

そこには、ルメートルの論文の重要性を認識した編集長が、ルメートル本人に英訳版掲載の可能性を打診し、さらにはハッブルの法則に関する部分の削除を求めるどころか、逆にその後の新たな進展の追加も歓迎する旨が明記されていました。さらにリヴィオは同年、3月9日付のルメートルから編集長宛の返信をも発見し、その文面から、フランス語原論文を英訳したのも、また問題となった部分を削除したのもルメートル本人だったことが明らかになりました。

このように、真犯人は当初「被害者」と目されていた本人だったという、推理小説ばりの結末を迎えたのです。しかし、これではまだスッキリしません。果たしてその「動機」はなんだったのでしょうか。

リヴィオは、当時のデータの信頼度が低かったことを十分認識したルメートルが「その箇所は、今やあまり重要ではないので再掲載しないことに決めました」と書いていることも発見しています。また、ルメートルは「確かに自分は宇宙膨張率を推定したが、それはハッブルの法則を確立する上ではほとんど貢献せず、単に係数を計算したに過ぎない」とも書いていたようです。

このようにルメートルは、過去に遡って自分の先取権を主張することは避けた一方で、上述の編集長宛の返信の最後に、新たに宇宙膨張の方程式を導いたのでそれを別論文として英国王立天文学会月報に発表したいこと、さらにその学会員となるためにエディントン教授と編集長に推薦してほしいこと、を付け加えて要望しています。この二つはいずれも実現し、ルメートルは1939年5月12日に正式に準会員に選ばれています。

結局それ以上のことは、想像するしかありません。科学研究においても、このような人間臭いエピソードはたくさんありますし、それらの真実を明らかにすることの困難さどころか、そもそも真実が存在するのかさえ自明ではないことを痛感させられてしまいます。

第5章

宇宙最古の古文書に刻まれた暗号を数学で解読

ビッグバンは大爆発ではない

宇宙はビッグバン（Big Bang）で始まった。こんな表現を耳にしたことのある方は決して少なくないでしょう。そしてそう聞けば、ビッグバンの直訳通り、宇宙はある空間の一点があたかもバン（Bang）と音を立てて大爆発して始まったと解釈してしまいそうです。あるいは、ビッグバンとはその大爆発の延長としての宇宙膨張を指しており、宇宙は今もビッグバンを続けていると考えている人もいるかもしれません。しかしこれらは、いずれも全くの間違いとまではいかずとも、少なくとも正確ではないですし、やはり誤解だと言うべきです。

本章はこのビッグバンモデルに基づいて、この宇宙そのものが法則に従って進化していることを紹介します。そのために、まずビッグバンとは何なのかを説明することから始めたいと思います。

第4章で述べたように、一般相対論によれば、この宇宙は静的ではなく、必然的に時間変化するはずです。そして、その理論的な予言は、観測データに基づいたハッブル・ルメートルの法則の発見によって、実際に確認されました。現在の宇宙は確かに膨張しているのです。

気体を熱を与えずに膨張させると温度も密度も下がります。これは宇宙においても同じです。時間を過去に遡ると、宇宙は膨張ではなく収縮するので、逆に宇宙の温度と密度は高くなります。これをどこまでも続ければ、やがてある時刻で宇宙の温度と密度は無限大になるはずです。この時刻を宇宙の始まりだと定義して、時間の原点（$t=0$）に選びます。

ただし、実際にはそれ以前に我々の知っている物理法則が破綻する可能性が高く、密度が無限大になることはないと考えられていますが、$t=0$に近づくにつれて宇宙が極度に高温・高密度の状態になるのは確実です。そのような宇宙の「状態」を指してビッグバンと呼びますが、宇宙の中のある一点が爆発したわけではありません。

後に詳しく説明するように、そもそもビッグバンという単語が誤解に基づいて名付けられたものですし、それを直訳して大爆発と解釈してしまうのは間違いです。さらにこれもしばしば誤解されているのですが、宇宙はビッグバンによって誕生したわけではありません。誕生直後の高温・高密度の状態をビッグバンと呼んでいるだけなのです。

このように説明すればするほど、ビッグバンという単語自体が誤解してくださいと言わんばかりのすべての元凶のような気がしてきます。言い換えれば、ビッグバンとは何を指すのかがそもそも曖昧なまま、言葉だけが有名になってしまったのです。

ビッグバンはあらゆる場所で起こっていた!

ではビッグバンとはいつ頃の状態を指すのか、気になってくるでしょうが、厳密にはよくわかりません。というのは、そのような高温・高密度の状態を正しく記述できるような物理法則を我々はまだ知らないからです。

既知の物理法則は、プランク時刻と呼ばれる宇宙誕生後10^{-44}秒以前には適用できないと考えられています。この時刻は小数点以下0が43個並んだあとにやっと1が登場するという驚くべき小さな数値です。ゼロではないものの、恐るべき精度で極めてゼロに近いのは確かです。にもかかわらず、宇宙は誕生してからプランク時刻までのわずかな時間で、現代物理学がまだ解明できていない重大な変化を遂げたものと考えられています。

プランク時刻以降も直ちに既知の物理学理論が適用できるわけではありません。ただし正しい物理法則を知らないという意味ではあくまで仮説ではあるものの、多くの研究者は、この宇宙はプランク時刻以後のある時期にインフレーションと呼ばれる急激な加速度的膨

図 5.1　宇宙の進化

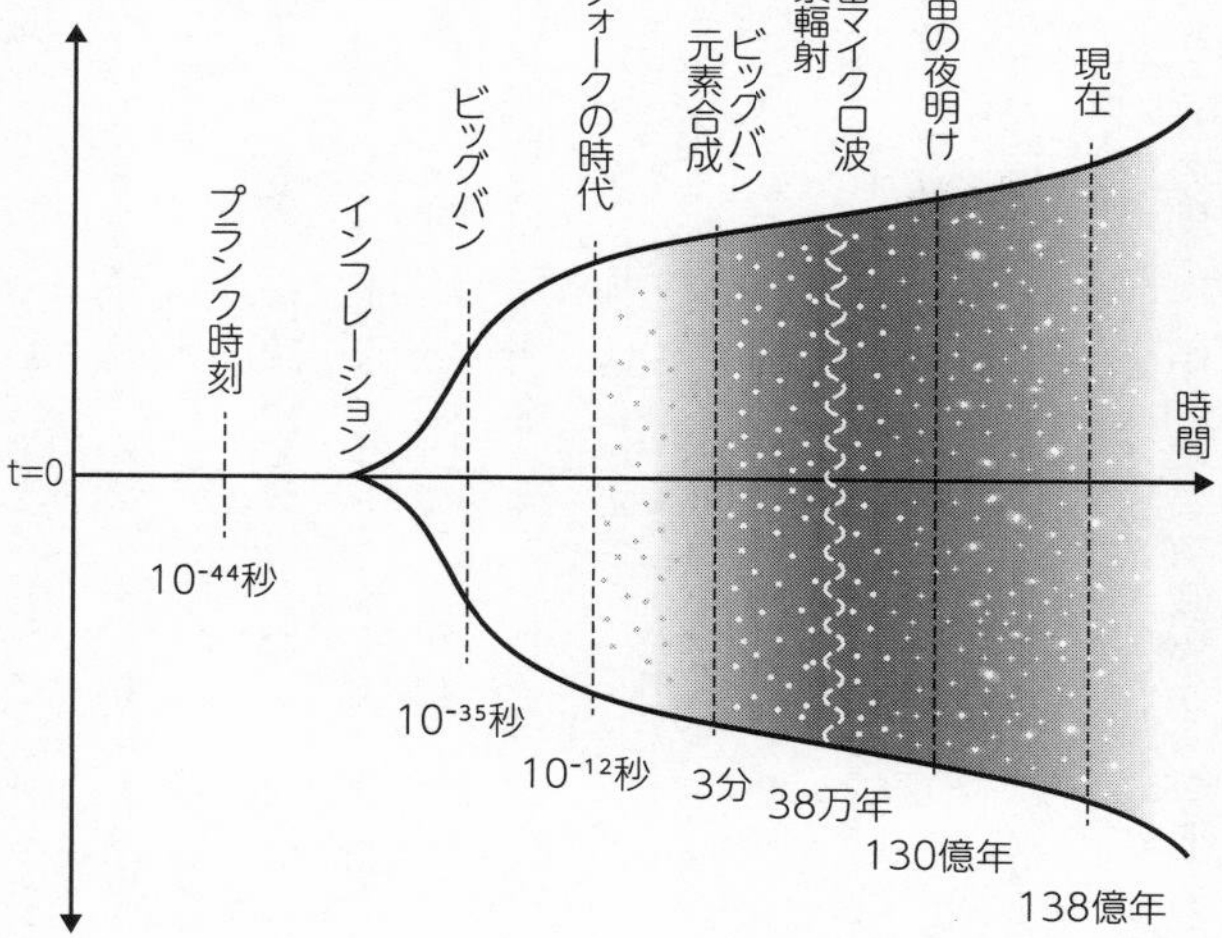

張を経験し、それが終了した10^{-35}秒後あたりに高温・高密度の状態に到達したと考えています。この状態が通常ビッグバンと呼ばれているものに対応します。

つまり、宇宙は、誕生直後にインフレーションを経て、高温・高密度のビッグバンという状態になり、その後は既知の物理学に従って進化して、138億年後の現在に至った、というわけです。

この宇宙の進化を示すためによく用いられるのが図5・1です。この図は左から右が時間の進む向き、上下が宇宙の「大きさ」（広がり具合）

を表現しています。この図自体がすでに宇宙は$t=0$で一点から誕生したかのような印象を与えてしまっていますが、そうではありません。というのも、より正確な図を描くのは至難の業で、わかりやすさが犠牲となってしまうのです。そのため、図5・1のように直感に頼り、あえて正確さを気にしないイラストが世の中に溢れています。

これはとても重要なポイントなのですが、混乱されている方も多いようです。そこで以下、詳しく説明してみましょう。まず、図5・2のように、現在の我々を中心とした同心円を重ね合わせた空間をイメージしてください（我々は3次元空間に住んでいるので、本当は同心球面を考えるべきなのですが、ここではわかりやすいように2次元を考えています。2次元の場合が理解できれば、3次元への拡張は簡単ですので、誤解しないようにしばらくおつきあいください）。

この図には、内から順に、半径（138億－38万）光年（A）、138億光年（B）、148億光年（C）の三つの異なる円が描かれています（光の速度は有限かつ一定なので、光が1年かけて進む距離を1光年と呼びます。つまり1光年は距離の単位であり、時間の単位である1年とは違うことに注意してください）。

それぞれの円は、中心にいる我々から等しい距離にある場所をつないだもので、同時に

図 5.2　宇宙の地平線

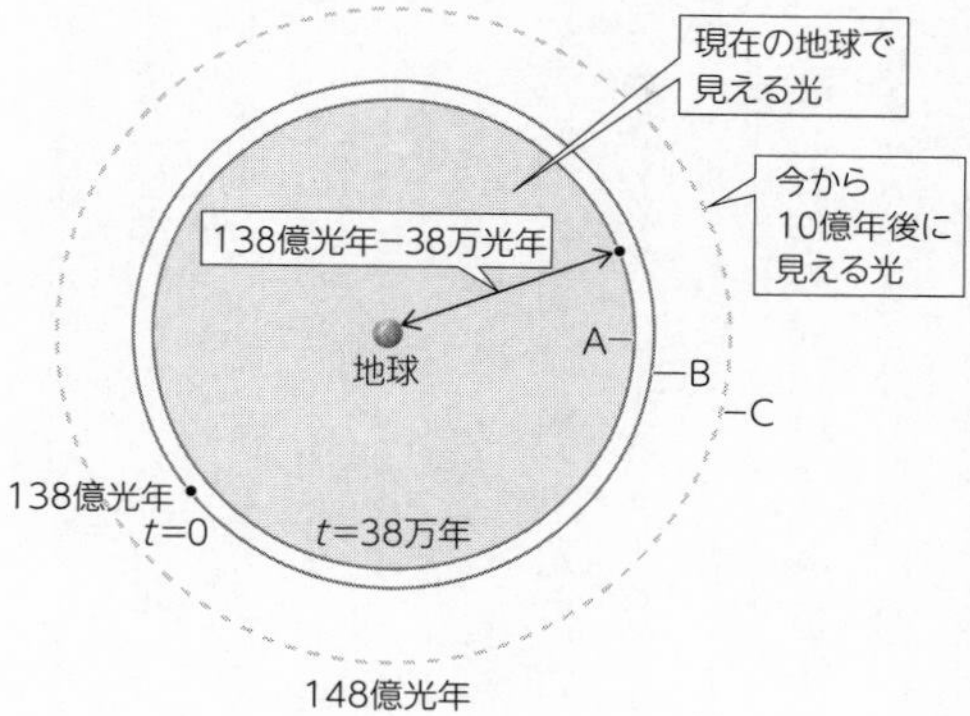

図 5.3　宇宙の過去と距離

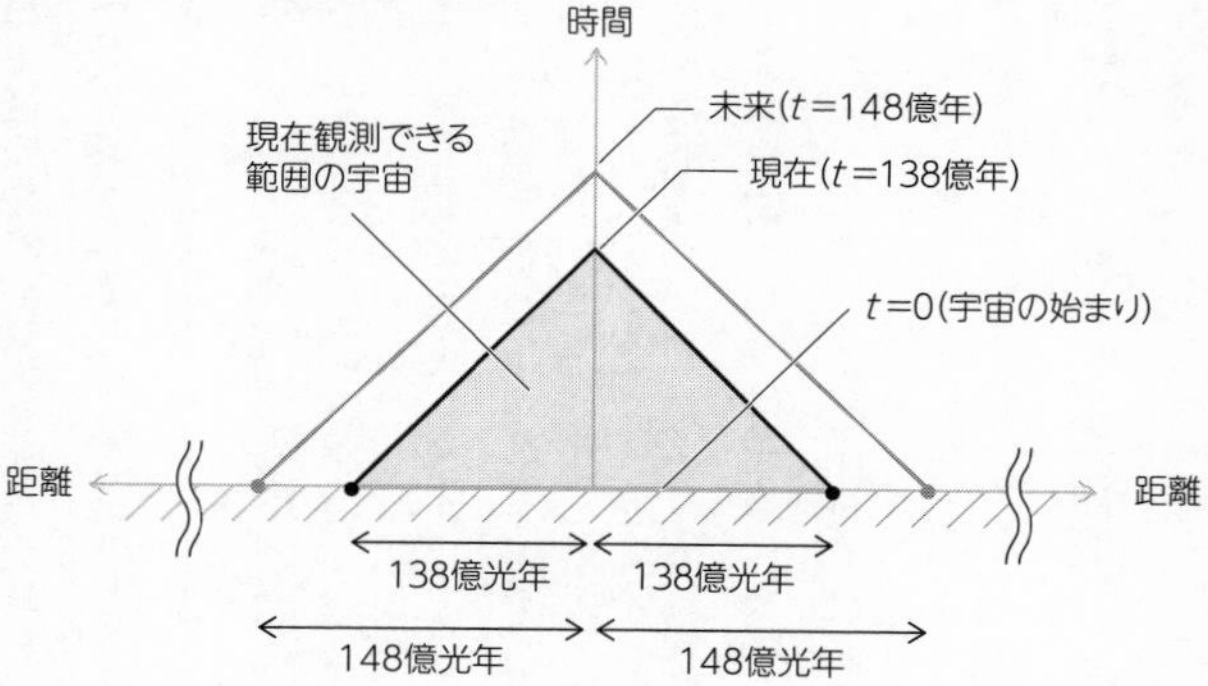

過去の同じ時刻の宇宙に対応しています（ただしその半径の相対的な大きさは大幅に誇張されています）。それぞれの円から発せられた光が、現在の我々に到達するまでにかかる時間は、（１３８億－38万）年、１３８億年、１４８億年です。したがって、現在（すなわちt＝１３８億年の時刻）の我々に到着した光がそれぞれの場所を出発した時刻は、１３８億年から所要時間を差し引いて、38万年、０年、マイナス10億年となります。

これは、円Ａを時刻t＝38万年に出発した光が現在（t＝１３８億年）の我々に見えることを意味しています。同じく、円Ｂをt＝０に出発した光は、原理的には現在我々に到達しているはずです。ただし、「原理的」と述べたように、実はこの円Ｂから円Ａの領域（時刻にしてt＝０から38万年までの領域）は光に対して不透明なので、Ａより先は見ることができません。したがって、我々が光を使って観測できる宇宙の果ては円Ａに対応します（これが後述の宇宙マイクロ波背景輻射全点地図そのものなのですが、その説明はしばらくお待ちください）。

ただし、この38万年の違いは１３８億年に比べると微々たるものなので（０・００３％以下でしかありません）、実質的には円Ａと円Ｂを区別せずに、同じく現在観測できる宇宙の果てと見なしても問題ありません。

これに対して円Cから現在到着した光はt=マイナス10億年の時刻に円Cを出発していると解釈すべきではありません。宇宙が誕生した時刻をt=0と定義している以上、それ以前には宇宙は存在しません（宇宙が始まる前の宇宙はどうなっていたのですかという質問を多く受けますが、標準宇宙論に従う限り、始まる前には宇宙は存在しなかったと答えるしかありません。納得してくれない方も多いのですが、それ以外の答えはないのです）。したがって正しくは、円Cからの光は今から10億年経たないと我々には到着しない、という意味なのです。円Cをt=0に出発した光は、現在、我々から10億光年の半径の円の領域までは届いています。そしてそれらが中心に到達するにはさらに10億年かかるということなのです。これがわかっていただけたなら、図5・2の円Cの外側にも無限に宇宙が広がっているはずであることにも納得してもらえるはずです。

つまり、図5・2の図は、現在の時刻における空間の広がりを表現したものですが、中心の観測者からそれらすべてが観測できるわけではないのです。時間の経過とともに、内側から外側に向けて、徐々に観測できる領域が広がり続けています。

この事実をわかりやすく描き直したのが図5・3です。初めて見るととっつきづらいかもしれませんが、慣れるととても便利な図です。この図の縦軸は時間、横軸は空間の広がりを表しています。図5・2は2次元空間の場合だと言いましたが、図5・3はさらに空間1次元の場合に対応します。ただし、図5・3を縦の時間軸の周りに1回転させれば同じ距離の領域は円を描きますから、それが図5・2の円に対応することになります。

図5・3の横軸は距離（r）を光年単位で、縦軸は時間（t）を年単位に選んでいるので、この図上で光は傾きがプラスマイナス1の直線に沿って進みます。現在の観測者（$r=0$、$t=138$億光年）に届いた光を過去に遡れば、図の太線に沿って下に進みます。それが$t=0$の線と交わる場所が$r=138$億光年の円になる、というわけです。その下の影の領域（負のt）は宇宙がまだ誕生しておらず存在していないことを示しています。

その外側の$r=148$億光年の場所から出発した光の進路を描いたのが、図5・3の外側の細線です。この光が$r=0$に到達するのは$t=148$億光年となります。これが上で述べたように、148億光年離れた場所からの光はこれから10億年経たないと観測できない、と述べたことに対応します。

実際、講演会でこの図を説明するときには時間が十分に取れず、わからない顔つきのままの方も多くいらっしゃいます。でもこの部分はとても大切なので、もしもわからなければ繰り返し読んでじっくり考えてみてください。そのうち突然、「なーんだ。こんなことだったのか。簡単じゃないか」とすっきり理解できるようになるものと期待しています。がんばってください。

さてこの考察からわかるように、中心にいる観測者には過去から未来の任意の時刻で、宇宙誕生直後に発せられた光（いわば、ビッグバンの残光）が到達し続けます。それは、その時点で観測できる宇宙の果てが次々と遠くに広がっていくことに対応しています。この説明からも、ビッグバンとは空間のある一点が爆発したというものではなく、宇宙誕生直後のあらゆる場所が同時に到達した状態であることがわかっていただけるでしょう。

宇宙の地平線を見るには？

図5・2を実際の3次元空間に拡張して考えれば、宇宙は玉ねぎのように無数の皮の集まりからなる球であると見なすことができます。その中心にいる我々から見たとき、内側（より現在に近い時刻）の皮から徐々に外側（より遠く、すなわち過去）の皮を見通してその姿を明らかにしていくことが、より遠方の宇宙を見る観測に対応します（図5・4）。

すでに述べたように、その一番外側の皮（ある時刻での宇宙）のさらに外側にも宇宙は広がっています。この玉ねぎの外側の皮は、全宇宙の中で「現在の我々が観測できる」境

図 5.4　遠方の宇宙を観測する

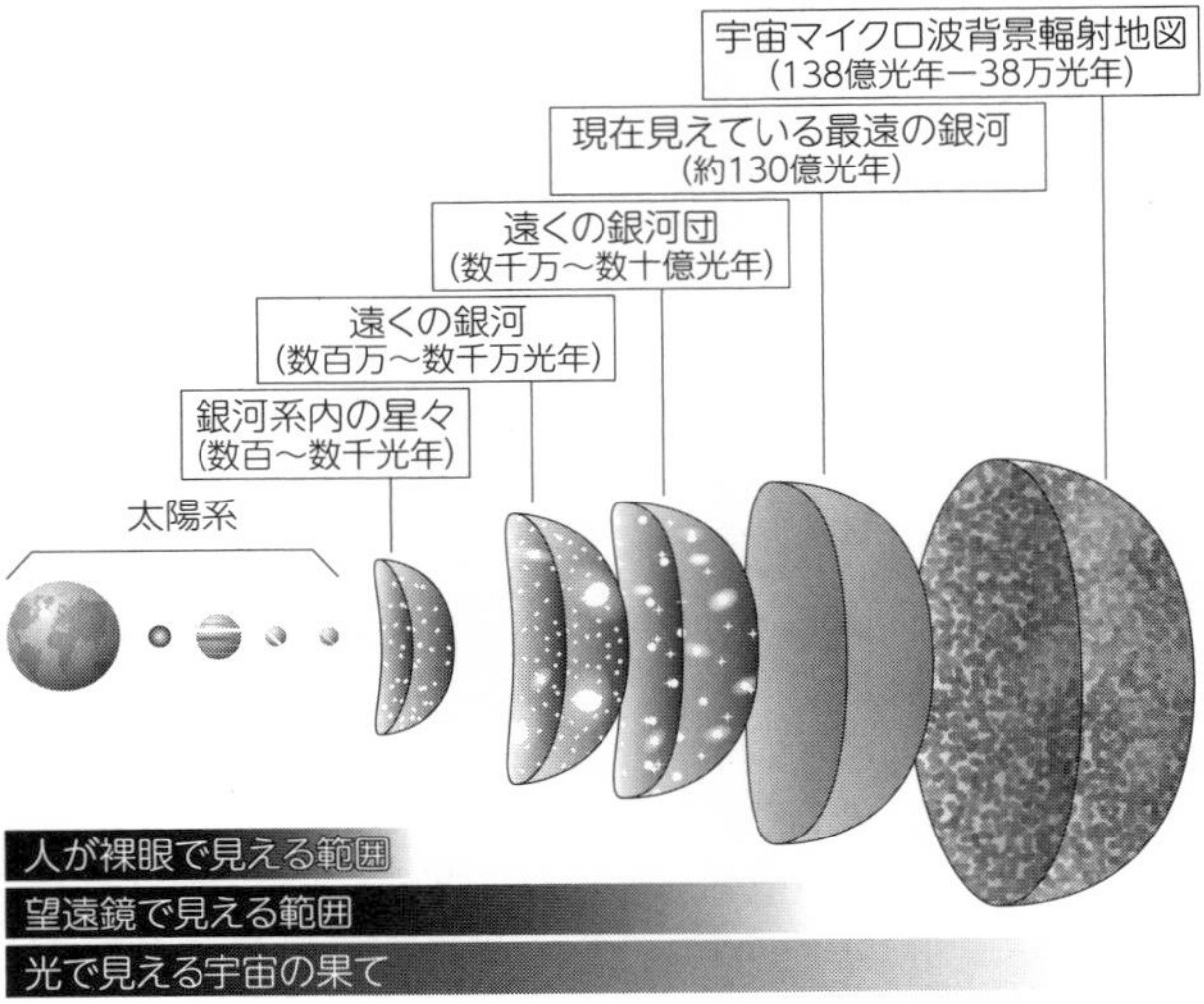

界面に過ぎず、いまだ見えずともその外側に（ほぼ）無限に広がる宇宙全体から見るとごく一部の領域でしかありません。

私は小さい頃、高知県室戸市の海岸沿いの家で、毎日太平洋を眺めながら育ちました。むろん水平線の先には何も見えません。でもその先には何もないどころか、太平洋がずっと広がっているのだと教えられたときは、とても驚きました。これと同じく、現在の我々が観測できる138億光年の半径の球面は、その先に宇宙がないわけではなくそれより先がまだ見えないだけなのです。

その意味で、ここで述べた現在見える宇宙の境界となる球面を宇宙の地平線（ホライズン）、あるいは地平線球と呼ぶことがあります。太平洋の場合、水平線の向こうを見るには船に乗って先に進めばよいのですが、宇宙の地平線の場合はそれは不可能です。しかし、時間とともにその先が見えるようになりますから、じっと待てば我々が観測できる地平線は少しずつ広がり続けます。

考古学者は地球の過去を知るために、地下をより深く掘り進めますが、天文学者は宇宙の過去を知るために、上を見上げてより遠くの空を観測するわけです。上と下という違いはありますが、歴史を明らかにするためにより先を目指すという点は同じですね。

素朴な疑問に答える⑨——宇宙はどうして誕生したの？

Q　「宇宙は138億年前に誕生した」とどこかで聞いたことがあるのですが、この認識は合っているのでしょうか？

A　はい、その通りです。宇宙の年齢は様々な方法で独立に推定できますが、もっとも信頼性が高いのは、この章で後に説明する〝宇宙の古文書〟を解読する方法です。

その結果、現在の宇宙の年齢は（137・87±0・20）億年であることがわかっています。もちろん「宇宙は138億年前に誕生した」で十分正確です。

Q　138億年前から届く光の「外側の世界」があるとしたら、もっと昔から宇宙は存在していたということなのでしょうか？

A　これは違います。現在の我々の宇宙論モデルが正しい限り、宇宙は今から138億年前に誕生したのであり、それより過去に宇宙はありません。

図5・2の説明につまずく人は多いようです。その理由としては「億年」（時間）と「億光年」（距離）が紛らわしく混同しがちなこと、また宇宙空間は無限であるというイメージが持ちにくいからなのかもしれません。

いかなる時刻であろうと、観測者がその場所から見渡すことのできる領域は限られています。1光年離れた場所からの光は1年後、2光年離れた場所からの光は2年後、3光年離れた場所からの光は3年後……にしか見えません。

現在見える宇宙の地平線とは、138億光年離れた場所の集合であり、それは3次元空間の中の球面となります（2次元の場合は円周です）。その外側にも139億光年、

140億光年、141億光年離れた場所が延々とつながっています。ただし、139億光年離れた地点からの光は未だ私たちのところに到達できていないのです。これからさらに1億年待つ必要があります。同じく今から2億年後、3億年後になって初めて、140億光年、141億光年離れた場所からの光が届きます。そしてそれらはいずれもその場所の「現在」の情報を伝えてくれるのではなく、$t = 0$に発せられた光なのです。

Q　宇宙が生まれる前はどうなっていたのですか?

A　知りたいと思う気持ちは十分理解できますが、現在のところ、「宇宙が生まれる前に宇宙はなかった」と答えるしかありません。例えば、我々は誰でも自分が生まれる前は何だったのか、を知りたいと思ったことがあるのではないでしょうか。そしてそれには、自分が生まれる前には自分は存在していなかった、という当たり前の答えしかありません。ほとんどの人はそれで(しかたなく)納得してくれます。

一方で、一部の人は感覚的にはそれを受け入れることはできず、自分には前世があり、誰かが死んだあとの生まれ変わりであると思いたがるかもしれません。個人的にそれを信じることは自由ですが、少なくとも科学的にはそれはありえないと言うしかありません。始まる前の宇宙はどうだったのか、という疑問はまさにそれと同じです。

しかしこれはいわゆる標準宇宙モデルの考えに過ぎず、より正確に言えば「わからない」と言うべきでしょう。標準宇宙モデルとは異なり、輪廻転生を繰り返すモデルを提唱している研究者もいます。例えば、将来この宇宙が膨張から収縮に転じて再び $t=0$ の瞬間に限りなく近い状態に戻ったとし、何らかの理由でそこから再び膨張を始めたとすれば、無限の過去から無限の未来までそのサイクルを繰り返す宇宙がありえるかもしれません。ただしこれは、科学的に完全に否定できるとまでは言わずとも、あまり受け入れられてはいません。

仮にそれが正しいとしても、極めて高温・高密度の状態になった時点で、それまでの宇宙の歴史はすべて消去されてしまうはずです。その意味では、1サイクル前の宇宙と現在の宇宙は全く無関係であり、$t=0$ の宇宙がどうだったのか、との質問に科学的に答えることは不可能ですし、その意味において宇宙が有限の過去から始まったとする標準宇宙モデルよりも優れているわけでもありません。

この輪廻する宇宙という考え方は、感覚的に、そうであれば安心できるという利点があるものの、少なくとも現時点では、検証可能な科学的モデルにはなっていません。

Q　宇宙はなんで発生したのでしょう？　何かきっかけのようなものがないとこんな大規模なことは起こらないと思うのですが……。

A　全く仰る通りです。極めて根源的で魅力的な疑問ですし、多くの提案がなされているものの、現時点で広く認められているモデルは存在しません。そしてその理由は、繰り返し述べているように、そもそも宇宙誕生の瞬間まで遡って厳密に成り立つ物理法則を我々が知らないからです。

そしてそれは、第2章で述べた「法則はどこにある」という哲学的な疑問とも関係しています。宇宙の誕生を物理法則で記述するためには、宇宙の誕生以前に物理法則が存在しなければなりません。

では、宇宙が存在しない状態で、法則はどうやって存在しうるのでしょうか。個人的にはむしろ、法則は宇宙と同時に誕生すると考えたほうがスッキリするような気がします。

しかしそうだとすれば、与えられた物理法則に従って、宇宙の誕生を記述することはできません。これは、まさに禅問答と言うべきですが、宇宙の誕生を物理学で説明するためには、この禅問答に対して科学的に納得できる答えが必要なようです。

宇宙最古の光

さてここまで述べたことはあくまで原理的な話に過ぎず、厳密には$t=0$の宇宙からの光を直接観測することは不可能です。その理由は、極度に高温・高密度の宇宙の中では、光がまっすぐ進めないからです。

これは、厚い雲に覆われた日には、昼間であろうと太陽からの光が遮られますから、太陽がどこにあるかを見つけることは難しいのと同じです。あるいは、厚い霧が立ち込めると一寸先は闇となるのと同じだと言ったほうがわかりやすいでしょうか。

詳しい計算によると、宇宙は誕生後約38万年経過すると、その温度と密度が十分下がり、光がまっすぐ進むようになります。これはあたかもそれまで立ち込めていた霧が突然晴れるようなものですから、宇宙の晴れ上がりと呼ばれています。図5・2の$t=38$万年と描かれた円が、宇宙が晴れ上がった時点での宇宙に対応します。その外側の領域から発せられた光は直接観測できません。これが「光を用いて観測可能」という意味での宇宙の果てに対応することになります。
「原理的な」宇宙の果てまでの距離138億光年に対して、光で観測可能な宇宙の果てまでの距離は138億光年-38万光年=137億9962万光年ですから、それらの違いは微々たるものです（実際には現在の宇宙の年齢は厳密に138億年というわけではないので、この値はあくまで概算値でしかありません）。というわけで、現在観測できる宇宙の半径が138億光年という表現は十分正確です。

ところで、「t=38万年の時刻の宇宙からの光」とは何が発する光なのでしょう。我々が通常見る光は、ある特定の物体から発せられたものです。宇宙の場合なら、それは星や銀河といった天体です。ところが、誕生してわずか38万年しか経っていない宇宙では、まだ天体は生まれていません（正確にはわかっていませんが、この宇宙で最初の天体が生まれるまでにはおよそ数億年程度必要だと考えられています）。

バーベキューや焼肉の際に、炭を使って調理をした経験があるかもしれません（私の子供の頃は炭をおこして火鉢で暖を取っていました）。熱い炭は真っ赤です。これは、ある温度の物体はそれに対応した波長の光を放出するという一般的な結果です。鉄工所の職人さんは、熱せられた鉄の色を見てその温度がわかるはずです。

晴れ上がりの時刻（38万年）の宇宙の温度は約3000度という高温です（正確には、この温度の単位は摂氏温度［℃］ではなく絶対温度［ケルビン（K）］です。摂氏温度は、絶対温度から273・15度を引いた値となります）。そのため、その時期の宇宙はそれ自身があらゆる場所で赤っぽい光を放出していたはずです。ただし、その光はその後我々に届くまでにエネルギーを失い、約1000分の1に当たる温度、すなわち3ケルビンに対応する光になってしまいます。

そもそも人間の目は、表面温度が約6000度である太陽が発する波長の光がよく見えるように進化したものと考えられます。そのため宇宙の果てからやってくる低温の光は、もはや人間の目では観測できません。

にもかかわらず、我々は文字通り四方八方から降り注ぐ宇宙最古の光に囲まれて生活しています。この光は、マイクロ波と呼ばれる波長帯の電波に対応するので、宇宙マイクロ波背景輻射（Cosmic Microwave Background：略してCMB）と呼ばれます。輻射というのはやや古い単語なので、最近は放射と言い換えられることのほうが多いようです。ちなみに「輻」とは、自転車の車輪の中心から輪に向かって放射状に出ている棒を表す漢字ですので、まさに中心から四方八方に発せられている光の様子を示すのにぴったりだと思います。
というわけで、我々が光で観測できる宇宙の果ての情報は、絶対温度にして約3ケルビンのCMBとして全天を埋め尽くしているのです。

宇宙から来た謎の雑音電波

極めて高温・高密度の状態であった誕生直後の宇宙で、現在の宇宙に存在するすべての元素が合成されたとする理論を提案したのが、ジョージ・ガモフです。このアイデアそのものはその後完全には正しくないことが明らかとなりました。宇宙初期にはヘリウムやリチウムなどのごく軽い元素しか合成できず、それよりも重い元素は星の内部で合成されたのです。しかし、この高温・高密度の状態が実在したとすれば、現在の宇宙はそれに対応する光の背景輻射で満たされているはずだと予言したのは、ガモフとその学生たちが初めてでした。

このようなガモフの宇宙進化モデルをビッグバンモデルと名付けたのは、英国ケンブリッジ大学の天文学者フレッド・ホイル（1915―2001）でした。彼は、宇宙は膨張しているものの、あらゆる場所から新たに物質が生まれ続けている結果、宇宙の密度は時間変化しないという「定常宇宙論」を強力に推進した一人です。そのため、ホイルはガモフのモデルを「宇宙が派手に爆発するというトンデモ説」だと馬鹿にしてビッグバンと名付けました。つまり、ビッグバン理論の生みの親はガモフであるにもかかわらず、皮肉にもその名付け親はガモフではなく、彼の宿敵ホイルだったというわけです。

当初、ガモフ自身は、自分の理論を指して原始火の玉モデルと呼んでいました。この火の玉とは高温・高密度の「状態」を示す呼称なので、より適切だと思います（が、玉はやはり誤解を生みますね）。これに対して、すでに強調したようにこのモデルは爆発という「現象」とは無関係なので、ビッグバンと呼ぶのは不適切です。しかし、この名前はインパクトが強いおかげか、今に至るまで完全に定着しています。

ところで今でこそ、ビッグバン理論は誰でも聞いたことがあるほど広く受け入れられていますが、1960年代前半までは、むしろ定常宇宙論のほうが人気があったようです。確かに現在も過去も変わらず同じ状態の宇宙というのは、感覚的に安心できる気がします。一方で、宇宙に始まりがあり、さらに過去に遡れば遡るほどとてつもない高温・高密度になるとするビッグバン理論はあまりに大胆すぎて、にわかには受け入れられないのも当然だったかもしれません。

この状況を一変させたのが、米国のベル研究所のアーノ・ペンジアスとロバート・ウイルソンです。2人は電波天文学用のアンテナを開発する過程で、どうしても説明のつかない宇宙からの雑音信号が存在することに気づきました。まさにこれこそ、ガモフが予言したCMBだったのです。彼らはビッグバンモデルなど何も知らぬまま、全くの偶然からその観測的証拠を発見してしまったのです。実は、同じニュージャージー州にあるプリンストン大学では、ロバート・ディッケ（1916―1997）が率いるグループがCMBの検出を目指した研究を行っていました。

ディッケと連絡を取り、自らの発見の重大な意義を教えてもらったペンジアスとウイルソンは、観測的結果の詳細だけを淡々と述べたわずか2ページ足らずの短い論文を1965年に発表しました。その業績により、彼らは1978年のノーベル物理学賞を受賞しました。

ディッケらによる、ペンジアスとウイルソンの発見の理論的意義を述べた論文も同じ論文誌上に続けて掲載されています。その共著者の一人で、当時そのグループの若き理論家であったジム・ピーブルズは、長年の宇宙論の理論研究に対する貢献が評価され、2019年のノーベル物理学賞を受賞しています。

図5.5　ペンジアスとウイルソンがCMBを発見した歴史的アンテナ

私は過去30年以上にわたりプリンストン大学の天文学者たちと共同研究を行っています。２０１３年に客員教授として宇宙科学教室に滞在した際、大学から車で30分程度の場所にあるペンジアスとウイルソンの電波望遠鏡に連れて行ってもらいました。しかし、ほとんど人気のない寂れた場所にポツンとアンテナだけが残っている寂しい風景に驚いてしまいました（図５・５）。

宇宙の過去の地図がわかった!

すでに述べたように、ＣＭＢは宇宙が誕生してから約38万年後に発せられた光です。人間の感覚からすれば38万年は途方もなく長い時間ではありますが、現在の宇宙年齢のわずか０・００３％に過ぎません。つまり、実質的には宇宙の誕生直後と言うべきです。したがって、ＣＭＢは宇宙初期の貴重な情報源として、重要な研究対象となっています。

ところで、大気の影響が避けられない地上からのCMB観測にはどうしても限界があります。そのため、より精度の高い観測を目指すには、大気圏外にCMB専用観測衛星を打ち上げることが必要です。その最初のものが、1989年にNASA（米国航空宇宙局）が打ち上げたCOBE（Cosmic Background Explorer：コービ）です。

このデータに基づいて、1992年に初めてCMB全天地図が作成され、空の異なる方向からやってくる光の温度がごくわずかだけ違っていることが発見されました（図5・10）。この温度の違い（温度ゆらぎあるいは非等方性と呼ばれます）のパターンは、誕生後38万年の宇宙での空間的な密度のデコボコ度合い（密度のゆらぎあるいは非一様性と呼ばれます）を反映しています。

一般相対論を用いれば、この密度ゆらぎが重力によって成長し、現在の宇宙の多種多様な天体が生まれる過程を見事に説明することができます。つまりCMBの発見により、38万年から現在に至る138億年の宇宙の進化を、物理法則によって説明できることが確認されたのです。この偉大な業績を挙げた研究チームを代表して、ジョン・マザーとジョージ・スムートが2006年のノーベル物理学賞を受賞しました。

銀河系の全体像を見るには

ＣＯＢＥの観測データをより精密にしたのが、２００1年に打ち上げられた米国のＷＭＡＰ（Wilkinson Microwave Anisotropy Probe：ダブリューマップ）、そしてＥＳＡ（欧州宇宙機関）が２００9年に打ち上げたプランク（Planck）です。これらの観測衛星が作成したＣＭＢ温度ゆらぎ全天地図について詳しく説明してみます。

そのために、まず世界地図についての説明から始めましょう。地球の2次元表面を、平面になるように展開したものが馴染み深い世界地図です。これは地球儀の表面にハサミを入れて切り裂き、無理やり2次元平面に貼り付けたようなものです。球面は曲がっているので、そのままでは2次元平面にできません。したがって、無理やり引き伸ばすことが必要ですが、それにはいくつか異なる方法があります。

広く用いられているのはメルカトル図法で、小学校や中学校の世界地図はこのやり方で描かれています。この場合、緯度が高い領域ほど（北極と南極に近くなるほど）歪みがひどくなり、実際よりも面積が拡大されてしまいます（図5・6）。これに対して、地図上の任意の点で実際の面積比が保たれるようにしたものがモルワイデ図法です（図5・7）。

しかし図5・7では、右端あるいは左端にいくほど形が大きく歪んでしまっていることがわかりますね。

これからお見せするCMB地図は、このモルワイデ図法に基づいて描かれています。ここで図5・4をもう一度御覧ください。地球をその外側から描いた図5・7とは異なり、我々は図5・4の一番外の球面をその内側（中心）にある地球から観測しています。

我々の住む太陽系が属している銀河系は、渦巻銀河の一種であり、中でも明るい星々は薄い円盤状の領域に集中して分布しています（図5・8）。夏の夜空に見える天の川とは、まさにその円盤を横から眺めた結果、星々からの光が帯状に見えたものです。我々の銀河系が天の川銀河と呼ばれることがあるのはそのためです。

図 5.6
メルカトル図法による世界地図

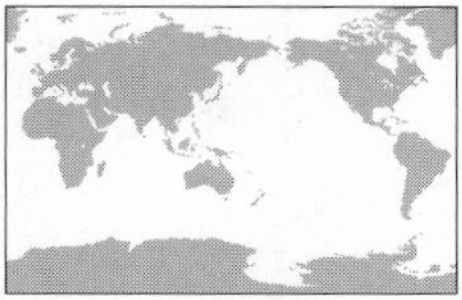

図 5.7
モルワイデ図法による世界地図

地球の緯度と経度に対応する基準座標としては、銀河座標と呼ばれる

座標系を使います。この銀河円盤を座標の赤道面に選び、それと垂直な方向を緯線としま す。この銀河座標を用いて、天の川銀河に属する17億個の星々の分布をモルワイデ図法で描いたものが図5・9で、図5・4の一番内側の球殻に対応します。これは欧州宇宙機関が打ち上げたガイア衛星の観測データによるもので、これを見ると銀河系の星は主として緯度が0度の赤道付近の銀河面に集中していることが一目瞭然ですね。

ところで、我々の属する銀河は、天の川銀河あるいは銀河系と呼ばれています。つまり「銀河」は数多くの星々の集団を指す普通名詞ですが、「銀河系」は我々の銀河を指す固有名詞です。私自身は大学院に入るまで、この違いを知らず混乱していましたので、念のためにつけ加えておきます。

宇宙はどこも同じ風景?

ずいぶん前置きが長くなりました。いよいよこのモルワイデ図法で描いたCMB地図をお見せします。

図5・10はCOBEによる史上初のCMB温度全天地図です。この図の濃淡は、その方向から来るCMBの光の温度の違い（ゆらぎ）を表しています（もちろん電波は目に見えま

図 5.8　ハワイのマウナケア山頂から見る天の川

図 5.9　銀河系の星々17億個の分布（モルワイデ図法）

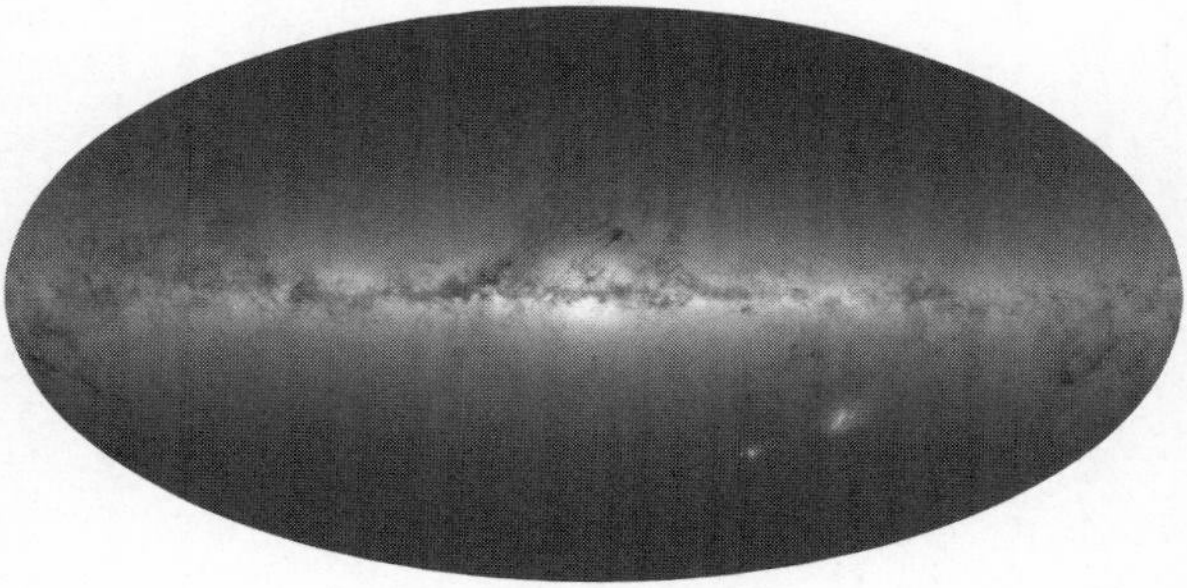

図 5.10　COBE衛星によるCMB温度全天地図

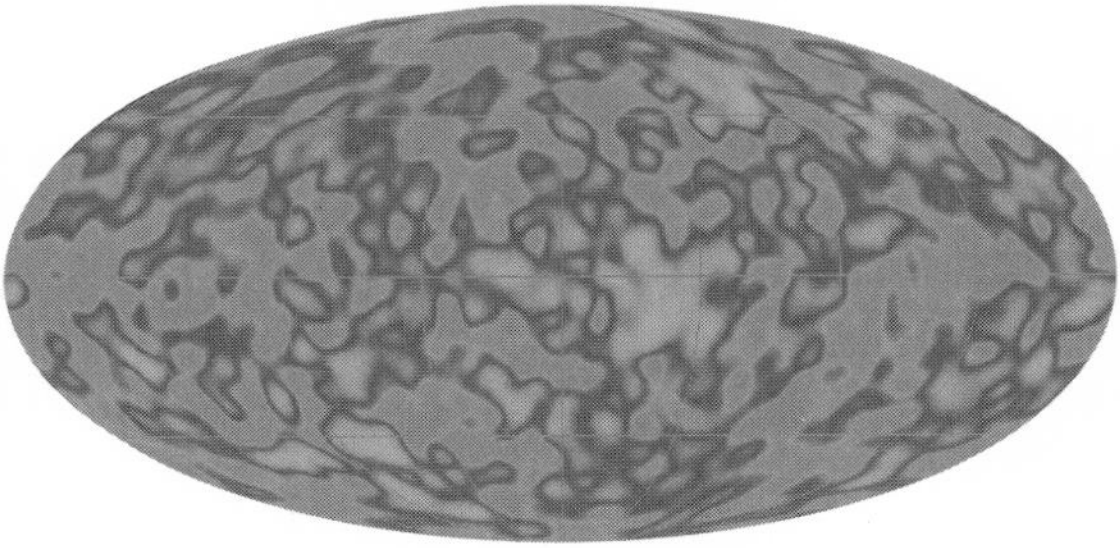

せんから、この濃淡を我々が感じることは不可能です）。

現在のＣＭＢの平均温度は約3ケルビン（すでに述べたように摂氏に換算するとマイナス270度）ですが、この地図上での濃淡の差は、そのわずか1万分の1程度、つまり±0・0003ケルビン程度の範囲内でしかありません。

この温度地図からわかることは二つです。一つ目は、宇宙のあらゆる場所は温度にしてせいぜい1万分の1程度の違いしかないほどよく似ていること。これは決して当たり前ではなく、驚くべき事実です。

例えば、この地図の北極と南極から我々に届いた二つの光は、宇宙誕生以来一度も出合ったことがありません。にもかかわらず、それらの温度がほとんど同じなのは奇妙です。地球とは全く別の星に住む宇宙人と初めて出会ったときに、彼らが地球人と瓜二つだったようなものです。その不思議さの理由は別として（今でも完全に解明されているわけではありません、宇宙のインフレーションという仮説は、この謎を説明するために提案されたものです）、誕生後38万年の宇宙はあらゆる場所がほぼ同じ温度だったのです。

このことは、宇宙にはどこにも特別な点はないという重要な意味を持ちます。つまり、この太陽系も天の川銀河も、さらには宇宙のあらゆる場所が平等だったことを示しています。これは、宇宙原理と呼ばれる宇宙論におけるもっとも基本的な仮定の観測的証拠になります。

二つ目は、これとは逆に、ごくわずかではあるものの宇宙の温度は場所ごとに違っているということ。もしもあらゆる場所が厳密に同じだとすれば、宇宙の中に銀河や星などの多様な天体は生まれ得ません。だとすれば、夜空は星がなくただただ真っ暗な闇であったでしょうし、そもそも太陽も地球も、したがって我々人類も生まれることはなかったでしょう。約1万分の1の温度の違いは、それと同じ程度の物質密度の違いが存在したことを意味します。その場所ごとの密度の違いは重力によって時間とともに成長し、やがて星や銀河のような天体を作り出す種となります。

このCMB地図の情報を初期条件とすれば、物理法則に従って現在の宇宙の姿を理論的

図 5.11　プランク衛星によるCMB温度全天地図

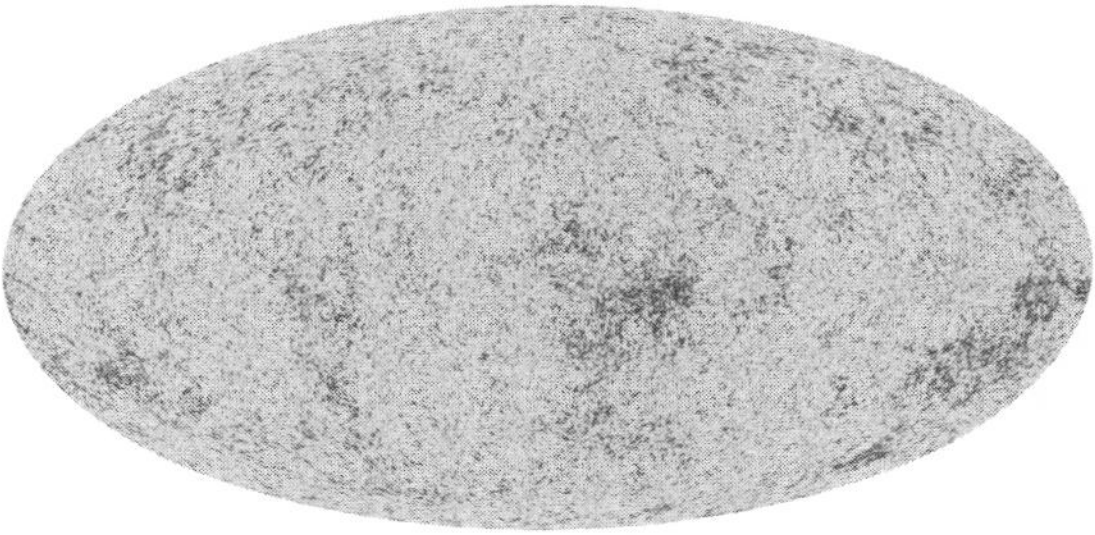

に予言できます。そしてそれは、大枠としては現在の観測データを見事に説明します。つまり、宇宙誕生後38万年の地図には、それから138億年後に当たる現在の姿に対応する情報が埋め込まれているのです。

すぐ後で述べるように、このCMB地図は宇宙の初期条件に関する極めて重要な観測的情報を持ちます。そのために、より高性能のWMAPとプランクが打ち上げられたのです。プランクのCMB全天地図（図5・11）に比べると、ノーベル賞の対象となったCOBEの結果（図5・10）はずいぶんとピンぼけに見えてしまうほどです（もちろん、その初発見の科学的意義は言うまでもありません。科学は時々刻々進歩するという事実を示しているに過ぎません）。

宇宙最古の古文書に刻まれた暗号の解読

図 5.12　球面調和関数を用いた古文書の解読法

$$\frac{\delta T}{T}(\theta,\varphi)=\sum_{l=2}^{\infty}\sum_{m=-l}^{l}a_{lm}Y_{lm}(\theta,\varphi)$$

$$C_l\equiv\frac{1}{2l+1}\sum_{m=-l}^{l}|a_{lm}|^2$$

左辺の$\delta T/T$（θ,ϕ）は、この地図上で、緯度θ、経度ϕの場所での温度の、宇宙全体の平均値との差を表しています。この値は直接観測されています。これを球面調和関数と呼ばれるY_{lm}（θ,ϕ）に数値a_{lm}で表された重みをつけて再現できるようにします（難しい言葉で言えば、球面調和関数展開です）。そうやって得られたa_{lm}の値の組がCMB地図のすべての情報なのです。さらに、それらを変形して２行目の式のようなC_lという量を計算します。

図５・10や図５・11には宇宙に関する様々な情報が埋もれています。しかしただ漫然と眺めているだけでは何も見えてきませんね。これは、図１・１で示したように空いっぱいに円周率の値がびっしりと書き込まれているようなものです。その数字列をいくら漫然と眺めたところで円周率という極めて重要な量に対応することは見抜けないのと同様です。

この宇宙最古の古文書に刻まれた情報を理解するために必要なのはやはり数学です。図１・１の場合には図１・３のような数式を使って、この数字列の意味を理解することができました。ただし図１・１とは異なり、図５・11には数字列が暗号化された形で埋め込まれています。したがって、まずその暗号を解読する必要があります。

図5.13　CMB地図に隠されていた情報

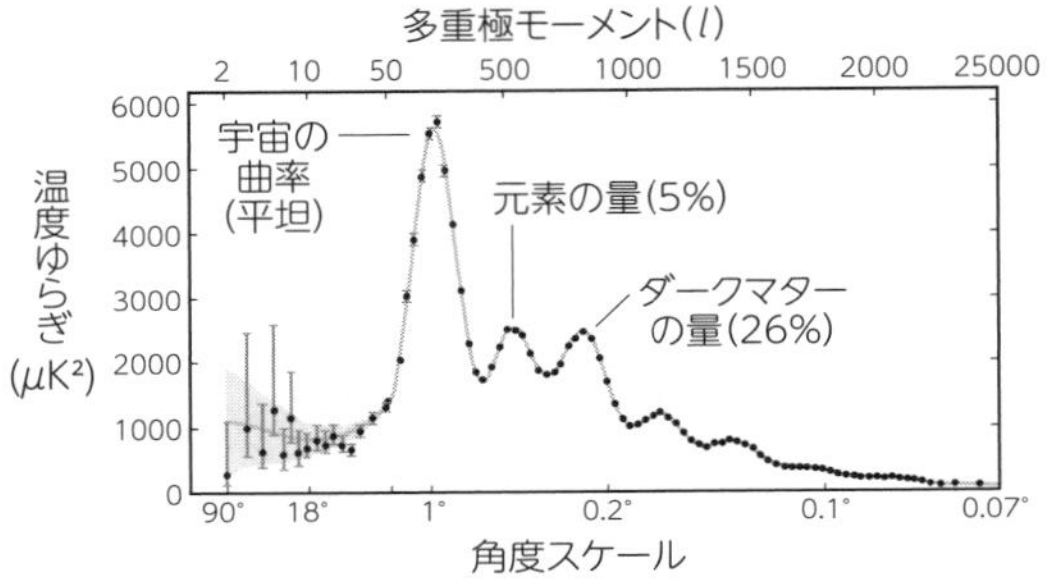

この図は、CMB地図にどの程度の大きさの温度ゆらぎがあるのかを示しています。横軸が地図上の角度スケール、縦軸がそのスケールでの温度ゆらぎの大きさの２乗を表しています。1°付近でピークになっていますが、これは図５・11では、平均的に1°程度の大きさの温度のむらが一番多いことを意味しています。確かにその図を眺めると、小さなぶつぶつのパターンが数多くあることがわかりますね。その典型的なサイズが1°（l＝180）だというわけです（じっと睨んでいると納得できるかも）。縦軸からは、そのサイズでの温度ゆらぎの大きさが±0.4μK（100万分の1ケルビン）程度であることがわかります。

そのために用いられるのが、図5・12の式です。

これらの二つの式は慣れないとちんぷんかんぷんかもしれません。しかし重要なことはただ一つ、数学を用いればこの宇宙最古の古文書を解読できるという事実だけです。

では、その数式を使って図5・11のCMB地図を解読すると何が描き込まれていたことがわかったでしょうか。その結果が図5・13のグラフです。より正確には、縦軸を $l(l+1)C_l$、横軸を l（＝2、3、4……）として図示したものですが、この際そんな細かいことは忘れることにしましょう。大切なのは、目で見ただけでは何も特徴を読み取れなかった図5・11には、このようにいかにも意味ありげな曲線が隠されていたという事実です。

これは、古文書の中に隠されていた暗号を解読したことに対応します。しかしこのままでは、まだこの暗号（図5・13に誤差棒のついた●で表されるデータ群）が何を意味しているのかまで理解できたわけではありません。それを本当に理解するためには、宇宙の性質を数学的に記述する理論モデルが必要です。そのモデルは一般相対論に従って構築できます。

そして、この暗号をもっともよく再現する宇宙モデルに基づいた予言が、図5・13の曲線です。これが現在の宇宙をもっともよく記述するモデルで、標準ΛCDMモデルと呼ばれています。これについては、改めて詳しく説明することにしましょう。

ここではずいぶんいろいろな新しい概念が登場しました。そのため、なかなか咀嚼しきれなかったかもしれません。特に図5・12の球面調和関数のあたりは難しく、嫌気がさしてしまった読者もいるでしょう。

でもあまり気にする必要はありません。覚えておいてほしい大切なことは、実際の宇宙の観測データに数学を当てはめることで、そこに隠されていた情報を読み取ることができるという驚くべき事実です。不思議なことに、宇宙の情報は宇宙そのものに数学という言葉で書き込まれているのです。

素朴な疑問に答える⑩――宇宙からの電波は、今ここにもある?

Q　こうしている私の目の前にもCMBは存在しているのですか?

A　はい、その通りです。ただし、人間の目では電波を「見る」ことはできないので、気づかないだけです。

かつてテレビ放送がデジタルではなく、アナログだった時代には、夜中の番組放送終了時にザーという音と「砂嵐」と呼ばれるノイズだけの画面が映っていました（昭和生まれの方々ならば絶対覚えていると思います）。実はあのノイズのうち、約1%程度はこの宇宙の果てからやってきたCMBの電波に由来していたはずです。

実際、ペンジアスとウイルソンの発見は、衛星通信の実験中に、どうしても正体不明の雑音が残ることに気づいたことがきっかけでした。このように、CMBは決して我々と無関係な存在ではなく、むしろ身の回りに満ち溢れている存在なのです。

宇宙を特徴づける六つのパラメータ

理論モデルを複雑にし、無数のパラメータ（我々の宇宙の性質を特徴づける物理量の組）を導入すれば、どんな観測データであろうと力ずくで説明できるかもしれません。これに対して、理論モデルが広く受け入れられるには、できる限り少数のパラメータだけで、観測データをぴったりと説明できる説得力が求められます。さらにそれらのパラメータが、物理的な意味を持っている必要があります（これらの性質がないモデルは「美しい」とは言えません）。すでに名前を挙げた標準ΛＣＤＭモデルは、まさにその代表例です。このモデルを特徴づけるパラメータは六つありますので、まずはその説明から始めましょう。

ΛＣＤＭとは、宇宙定数を示すΛ（97ページ）と冷たいダークマター（Cold Dark Matter）の頭文字であるＣＤＭを組み合わせた名前です。ダークマターは暗黒物質と訳され、その名の通り光って見えない物質を意味します。「冷たい」とは文字通り温度が低いという意味ですが、この場合、その物質の運動エネルギーが小さいという性質を表しています。宇宙を占める全物質の密度の総和を1としたときに、この2成分に対応するパラメータが、宇宙定数Λの占める割合Ω_Λ（オメガラムダ）と、冷たいダークマターの占める割合Ω_C（オメガシー）の二つです。

我々の知っているすべての物質は、約120種類の元素の組み合わせであり、それらはいずれも、原子核と電子からなる原子から成り立っています。宇宙論ではそれらを指してバリオンと呼び、全物質中でバリオンが占める割合をΩ_b（オメガビー）で表します（ただし正確には電子はバリオンではありません）。

ところで、標準ΛCDMは、ユークリッド幾何学に従う平坦な空間であることを仮定しています（観測的にも高い精度で検証されています）。この場合、Ω_Λ、Ω_C、Ω_bの三つの総和は1になることが証明できます。したがって、この三つのパラメータの中で独立なのは二つだけです。

これらに加えて、宇宙の膨張率を示すハッブル定数H_0が三つめのパラメータとなります。

さて、それ以外の残り三つのパラメータの意味は少し難しいのですが、念のために紹介しておきます。ただし読み飛ばしてもらっても大丈夫です。CMB地図は、宇宙が完全に一様ではなくわずかな空間的なゆらぎが存在していることを証明したと述べました。このゆらぎは、その振幅の大きさと性質を示す二つのパラメータ、A_sとn_s、によって特徴づけ

図 5.14　標準ΛCDMモデルの宇宙論パラメータ

記号	宇宙論パラメータ	推定値
H_0	ハッブル定数	(67.66±0.42)km·s⁻¹·Mpc⁻¹
Ω_b	バリオン密度パラメータ	0.0490±0.0003
Ω_c	ダークマター密度パラメータ	0.261±0.002
Ω_Λ	無次元宇宙定数パラメータ	0.6889±0.0056
t_0	宇宙年齢	(137.87±0.20)億年

Planck Collaboration: A&A 641, A6 (2020) Table 2より

られます。

最後のパラメータは、現在の宇宙が光に対してどれだけ透明なのかを示す物理量τ《タウ》です。もしも宇宙が光に対して完全に透明なら$\tau=0$ですし、もしも完全に不透明であればτは無限大です。宇宙は$t=38$万年で晴れ上がる（陽子が中性水素原子になる）と言いましたが、実は、$t=7$億年頃の宇宙には再び「霧」が立ち込め始めたことがわかっています。むろんこの「霧」とは比喩的表現で、正確には宇宙に存在する水素原子が電離して、自由な電子が飛び回っている状態を指しています。そのためこの現象は宇宙の再電離と呼ばれています。

以上をまとめると、Ω_C（宇宙に存在するダークマターの量）、Ω_b（宇宙に存在する元素の量）、H_0（現在の宇宙のハッブル定数）、A_s（宇宙の密度ゆらぎの振幅）、n_s（宇宙の密度ゆらぎの冪《べき》指数）、τ（現在の宇宙の光に対する不透明度）の六つが標準Λ

CDMを特徴づける基本パラメータとなります。一般相対論に基づいた宇宙モデルとこれら六つのパラメータを組み合わせれば、宇宙の様々な性質を高い精度で記述できます。

図5・11に隠されていた暗号（図5・13）を、標準ΛCDMモデルを使って解読した結果の一部を表として図5・14にまとめておきます。現在の宇宙年齢は、独立したパラメータではありませんが、この解析を通じて推定される重要な値ですので、それも示してあります。

この推定値の±の後の数字は、その前の数字の誤差範囲を示します。つまり、今やこれらのパラメータの値は、1％以下の誤差範囲しかないほどの極めて高い精度で推定できているのです。

宇宙は何からできているか？

図5・14の結果から得られるもっとも重要な帰結は、我々の宇宙が何からできているのか、すなわち宇宙の組成です。

我々が知っている地上のすべての物質は元素（バリオン）からできています。この地上の物質と宇宙を占めている物質は同じだと予想するのは当然でしょう。にもかかわらず、

Ω_bはわずか0・05、すなわち元素は宇宙のわずか5％を占めているに過ぎません。つまり、宇宙の95％は我々がいまだかつて見たことのない正体不明の成分からできているのです。さらにこの未知の成分は、26％を占めるダークマターと残り69％を占める宇宙定数の2種類からなっていると結論されています（図5・15）。

ダークマターは、通常の元素と同じく互いに万有引力（重力）を及ぼします。しかし、星や銀河のような輝く天体となる通常の元素とは異なり、ダークマターは光を発することはありません。そのためダークと名付けられているのですが、目には見えなくとも銀河の周りには大量のダークマターが存在していることが観測的にもわかっています。その正体は未だ解明されていないものの、おそらく現在の素粒子モデルを超えた未知の素粒子であろうと考えられています。つまり、巨視的な天文学が明らかにしたダークマターの解明は、新たな微視的物理学の法則を探る重要な手がかりを提供しているのです。

図5.15
現在の宇宙の組成

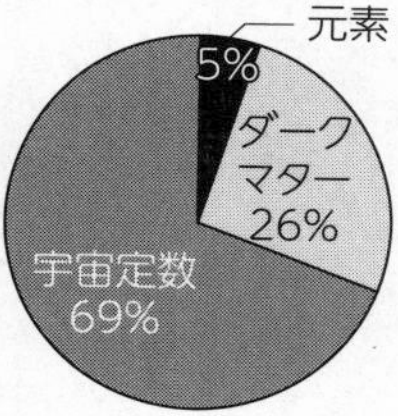

これに対して、宇宙定数は単に光を発することがないのみならず、お互いに反発する性質を持っています。その結果、万有引力ではなく万有斥力を及ぼします。宇宙は膨張してい

ますが、バリオンとダークマターのように引力である重力だけの場合には、膨張速度は必ず時間とともに遅くなります。これを減速膨張と呼びます。一方で、宇宙定数が卓越する宇宙では、斥力の効果のために宇宙膨張は逆に加速します。観測的にこの加速膨張を証明したのが、2011年のノーベル物理学賞の対象となった二つのグループの業績です（103〜104ページ）。

理論的には宇宙膨張を加速させうる可能性は、宇宙定数だけに限られるわけではなく、より一般にダークエネルギーと呼ばれています。ただし、現時点でのあらゆる観測は、ダークエネルギーのもっとも有力な候補が宇宙定数であることを示しています。そのために、ΛCDMモデルが標準宇宙モデルだと考えられているのです。

宇宙のほとんどが未知の暗黒成分によって占められているという事実は、20世紀末から21世紀にかけて著しい進歩を遂げた宇宙論におけるもっとも驚くべき発見です。その結論は数多くの観測データの積み重ねによって確立したものですが、中でもCMB観測データが大きな貢献をしたことは間違いありません。

本章で述べたCMB地図の観測データと標準宇宙モデルの予言との一致は、まさに驚くべき精度です。そしてそのような高い精度での検証は、宇宙そのものが数学で記述される物理法則に従っており、また数学を用いて宇宙に隠された観測的な情報を正確に解読できるおかげなのです。

身近な物理学で取り扱う現象は、ある時刻での初期条件が与えられれば、物理法則を用いてその後の振る舞いを正確に予言できます。それこそが、物理学が実験を通じて進歩してきた理由です。これに対して、天文学者は宇宙を観測するだけで、直接実験を行うことはできません。にもかかわらず、物理法則は実験室の中で再現される現象にとどまらず、我々が決して操作できない宇宙そのものをも支配していることが証明されたとすら解釈できるように思います。

さらに原理的には、CMB地図という古文書の中にこの宇宙のすべての情報が書き込まれているはずです（実際には観測精度の限界のため、それらを完全に解読することは不可能ですが）。その意味では、図5・11は、銀河、星、惑星といった天体諸階層のみにとどまらず、それらの天体のどこかで生命が誕生し、意識が芽生え、やがて、高度な社会や文化を形成するという未来の設計図そのものだと言えます。

この世界の過去から未来のすべてが図5・11に書き込まれているのだと想像すると、何やらワクワクしてきませんか。

素朴な疑問に答える⑪——宇宙には私の情報も書き込まれている？

Q　宇宙定数とは物質なのですか！　計算上の便利な数字に過ぎないのかと思っていました。

A　なるほど、本質をついた鋭い質問ですね。数式において、結局は数値で表される量（パラメータ）であっても、それは物理的な意味を持つはずです。これこそが、この世界（そして物理法則）は数学で記述されているという意味にほかなりません。

宇宙定数は、アインシュタイン方程式に表れる一つのパラメータ（言い換えれば、仰る通り、計算上では数値）に過ぎません。一方で物理的には、例えば、宇宙の幾何学的な性質（空間の曲がり具合など）を表すパラメータの一種だと解釈することもできます。

さらにより広く認められているのは、真空の持つエネルギーだとの解釈です。そもそも真空とは何かは物理学上の大難問です。もしこの宇宙空間からすべての物質を取りさり空っぽにしたとしても、その何もないはずの空間にもエネルギーだけは残っている可能性があり、それを真空のエネルギーと呼びます。宇宙定数Λはまさに、その真空のエネルギーのことだと解釈することも可能です。

ただし、その場合、理論的に予想される自然な数値は、図5・15に示されている観測的推定値より、なんと120桁も大きいのです。これは、物理学における、理論予言と観測の最大の不一致であると指摘する人もいるほどです。したがって、このままではその解釈を受け入れることは難しいと考えられています。

そのため、さらにその考えを一般化して、何らかの未知の物質（というかより広く「存在」と呼ぶべきなのかもしれません）が宇宙定数に似た性質を持っていると考えて、宇宙定数が真空エネルギーであると考えたときの不自然さを解消しようとする提案があります。そのような考え方を総称したのがダークエネルギーです。したがってダークエネルギーとは一意的なものではなく、数多くの異なる可能性があります。

現時点では、観測的にダークエネルギーが宇宙定数に極めて近い性質を持っていることは確かですが、完全に同じものとまでは結論できません。

ダークエネルギーの正体の解明は、宇宙論のみならず、物理学の根幹に関わるもっとも重要な課題の一つだと考えられています。

Q　CMB地図には、私という存在の情報も書き込まれているのですか？（さすがにそんな

わけないですよね）

A　これまた素晴らしい質問です。人によって考えが異なるでしょうが、私は実はおそらくそうだと信じています。CMB地図には我々の存在に関する情報（初期条件）のすべてが書き込まれているはずです。

といっても、実際にそれを解読することは不可能です。様々な検出上の限界のために、実際に観測できるデータは、本来CMBが持っているはずのすべての情報のごく一部でしかありません。その意味では本章で紹介した六つのパラメータとは、観測できるデータから読み取ることができる宇宙の大まかな（とはいえ基本的で重要な）性質に対応したものに過ぎません。

しかし、観測可能性を無視すれば理論的にはCMBには現在の宇宙に関するすべての情報が書き込まれているはずです。当然我々一人一人がいつどこで生まれどのような人間であるかという未来の情報までをも含んでいるはずです。

ただしこの見解は、古典的決定論と呼ばれる立場に基づいていることを強調しておきましょう。この世界の振る舞いのすべては、ある時刻における宇宙のすべての物質の情報（初期条件）がわかれば、それ以後の進化は物理法則のみで完全に決定されるというわけです。

人間もまた物質からできている以上、その振る舞いは、例えば誕生した瞬間にもはやすべて決まっている。したがって、そこには自由意志（我々の行動はすでに決まっているわけではなく、自分がどのように行動するかを自ら決定することができるという意味です）が存在する余地はない、という話を聞いたことがあるかもしれません。これは極端な古典的決定論の立場の例です（私は、人間が物理法則に支配されていることは間違いないと信じていますが、それでも自由意志は存在すると考えています。興味のある方は『科学を語るとはどういうことか』〔伊勢田哲治氏との共著、河出書房新社、2021年〕をお読みください）。

ところが実際には、少なくとも原子や原子核のスケールに対応する微視的世界は、量子論と呼ばれる物理学で記述されており、これは古典的決定論とは異なっています。量子論によれば、ある瞬間での世界の状態（初期条件）が完全にわかっていたとしても未来は厳密に予言できないこともわかっています（あるいは、ある瞬間での世界の状態を完全に知ることは原理的に不可能であることが証明されている、と言い換えることもできます）。

図 5.16 38万歳から138億歳の宇宙へ

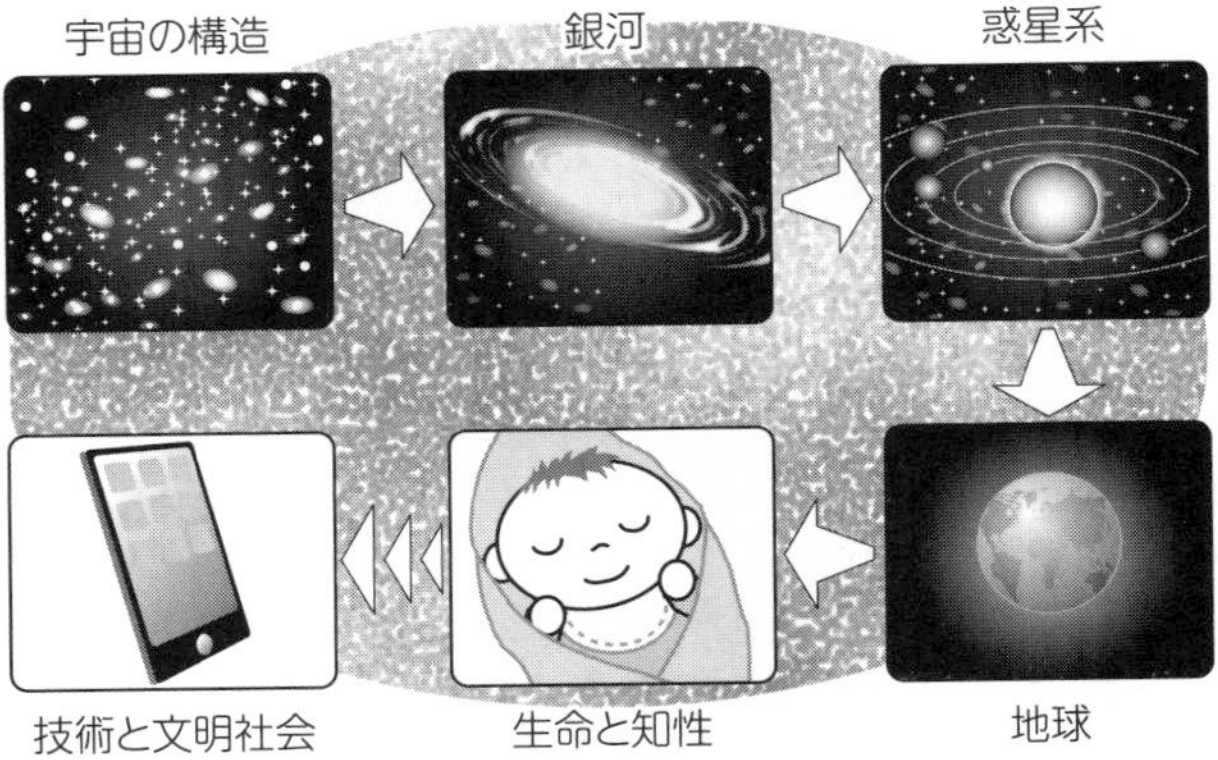

微視的な世界を支配する量子論と、巨視的な世界を支配する一般相対論を、無矛盾に記述する統一的な理論は未だ完成していません。これが、宇宙誕生の瞬間（$t=0$）での物理法則はいまだ知られていないと繰り返している理由です。

この未完の統一理論は、第4章の冒頭で述べたように究極理論と呼ばれることもあります。超弦理論という言葉を聞いたことがあるかもしれませんが、それはこの究極理論の候補の一つです（ただし、完成しているわけではなく、世界中の秀才たちがこぞって研究している最中です）。

というわけで、正直なところ、その究極理論が完成しない限り、古典的決定論の立場から、ＣＭＢ地図には我々の存在に関するすべての情報が書き込まれている、と断言することはできません。したがって、これはあくまで私の個人的な信念に過ぎません。そして、その私の信念を表現しているのが図５・16なのです。

第6章

ブラックホールと重力波で宇宙を見る

曲がった空間とは？

本書ではアインシュタインの一般相対論が繰り返し登場しました。水星の近日点移動、重力による光の曲がり、宇宙膨張などはいずれも、近似的にはニュートン理論によってある程度説明できる現象ですが、一般相対論を用いると驚くべき精度で観測結果が説明し尽くされます。むろんすでに強調したように、それらは宇宙が法則に厳密に支配されていることを示唆する驚くべき結果です。

むろん一般相対論は、単にニュートン理論の精度を向上させた理論にはとどまりません。時間と空間の考え方を根本的に変えてしまった革命的な理論なのです。その結果、ニュートン理論には存在しない時空の歪みを伝える波（重力波）の存在が導かれます。

本章では、最近のブラックホールと重力波観測の結果を踏まえて、宇宙が一般相対論に支配されているという事実を紹介してみたいと思います。

そもそも一般相対論は、「時間と空間は不変的かつ絶対的な存在ではなく、その中に存在する物質の分布に応じて常に必然的に変化する」という考え方から出発しています。まずはかつて習ったはずの座標系の例を用いて説明してみましょう。

おそらくみなさんが頭に浮かべる座標系とは、x軸とy軸が直角に交わっていて、それぞれに平行な目盛りが格子状に平面を埋め尽くしているイメージでしょう（図6・1）。その座標の値（x、y）を与えれば、この座標系上の任意の場所が指定できます。しかし実際に使うのは不便そうですが、くねくね曲がった座標系を考えることも自由なはずです（例えば、日本の住所の番地はそうなっていますよね）。通常ニュートン理論は、図6・1のような座標系を前提として物体の運動を記述しています。しかし一般相対論では、図6・2のような曲がった座標系が主役となります。物体が存在すると必然的に図6・3のよう

図 6.1
２次元平面上の座標系の例：
デカルト座標（x,y）

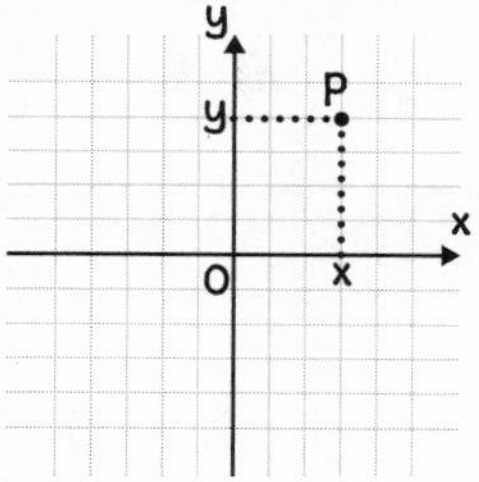

図 6.2
２次元曲面上の座標系の例

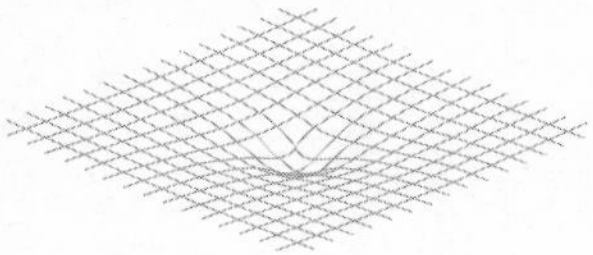

図 6.3
原点においた物体によって
曲がった空間と座標系の例

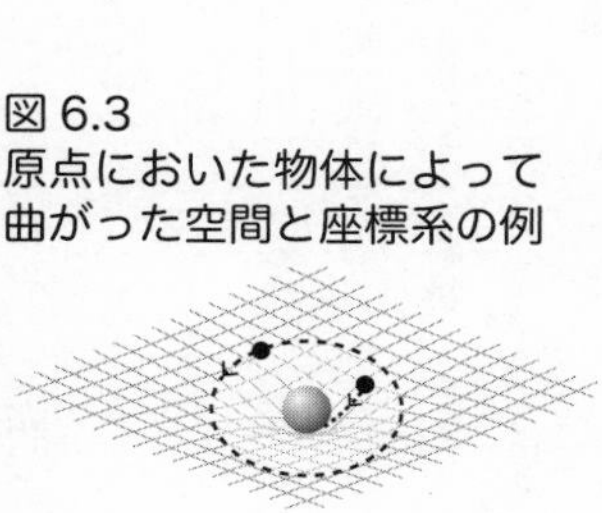

図 6.4　池の上にボートを浮かべたときの水面の変化

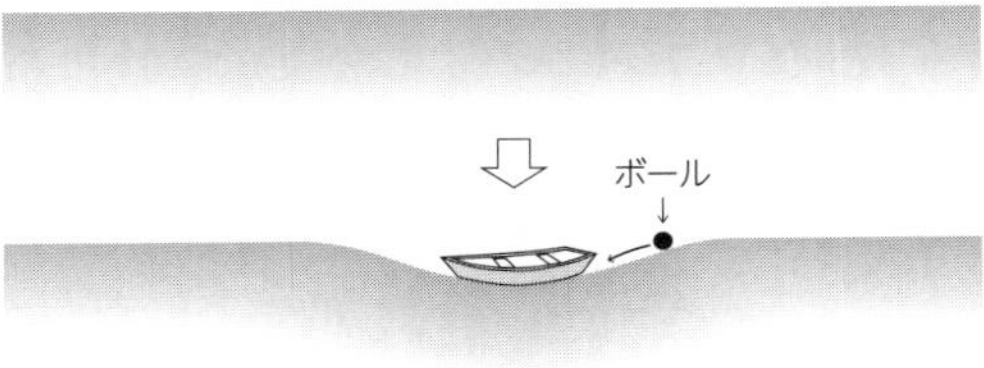

に座標が歪んでしまうと考えるのです。これを指して、空間が歪む、あるいは空間が曲がると表現します。

とはいえ空間が歪むといきなり言われても、ピンとこないのは当たり前です。原理的には、物質が空間内にどのように分布するかを与えれば、一般相対論の基礎方程式であるアインシュタイン方程式を用いて空間がどのように歪むかを計算できます。しかしほとんどの場合、それは物理学者であろうと簡単ではありません。そこであまり正確ではありませんが、以下のたとえ話を用いて直感的な説明を試みましょう。

何もない池の表面はほとんど平らです。でも、そこにボートをそっと浮かべれば、その周りの水面は沈んで下がります。その結果、周囲に浮かんでいる物体はボートの近くに吸い寄せられるはずです（図6・4）。

これと同じく、ある物体があると、その周りの空間が歪むものと考えてください。図6・3はそれを表したものです。平面が伸び縮みするゴム膜のようなものだとすれば、その上にボールを置くと、中心部分が伸びて図6・3のようになるだろうと予想してもらえるでしょう。

空間の歪みを伝える重力波

さて、さらに図6・3の中心のボールの近くに別の小さなボールをそっと置くと、谷底に向かって落ちていくように思えます。中心のボールと小さなボールの間に働くこの引力が、重力なのです。図6・1のような平面の場合、どこにボールを置いても、ある方向に動き始めるわけはありませんよね。これこそが、空間の曲がりによってなぜ重力が生まれるかの一般相対論的な説明のエッセンスです。

もしも中央に置いたボールが重ければ（より正確には質量が大きければ）、その周りの空間はより強く曲がるはずです。つまり、図6・3の歪みが強くなり、小さなボールが感じる重力もより強くなると考えられます。

上の例では、小さなボールを「そっと置く」場合を考えました。しかし、仮にそのボールが速度を持っていたとすれば、図6・3で、そのまま中心に落ちるのではなく、中心の周りをぐるぐる回り続けることでしょう。大きなボールを太陽、小さなボールを地球だと

図 6.5　池の上でボートが動いたときに伝わる波

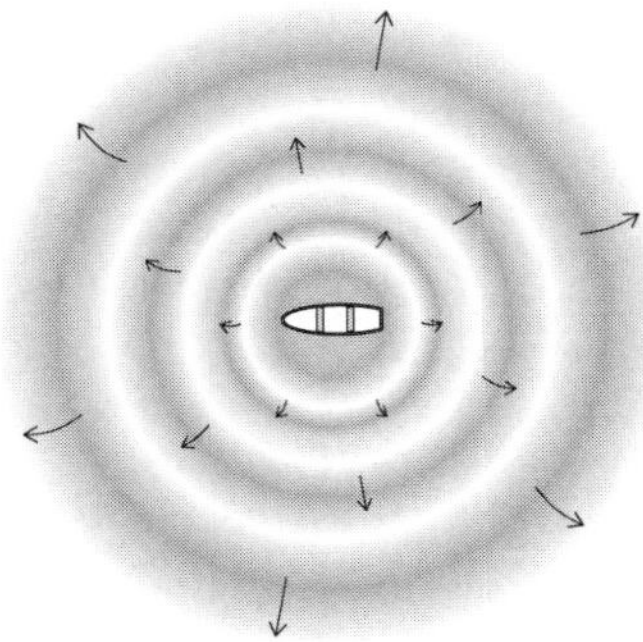

考えれば、これが太陽の周りを地球が公転することの説明になっています。

ここで再び、図6・4の池に浮かんだボートの例に戻りましょう。このボートが動き始めると周りの水面が変化し、やがて波となって外へ伝わります（図6・5）。同じく、図6・3の中心にあるボールが静止せずに激しく運動するならば、その周りの空間の歪みは時々刻々変化しながら遠くへ伝わり、徐々に中心から離れた場所の空間をも歪めてしまうでしょう。空間の歪みはその場所での重力を変化させますから、この空間の歪みを伝える波は重力波と呼ばれています。

しかし、実際にこの重力波が生み出す空間の歪みの変化は、想像を絶する小ささです。だからこそ逆に、極限計測を目指す実験物理学者たちの闘志をかき立ててきました。そもそも重力波の存在自体が理論的にもまだ確立してはいなかった1950年代に、真剣にその直接検出に取り組んだ先駆者が、米国メリーランド大学のジョセフ・ウェーバー（1919―2000）です。

彼は、長さ1・5メートルで直径が0・6から1・0メートルの円柱状のアルミ棒四つを、メリーランド大学と、そこから約1000キロメートル離れたアルゴンヌ国立研究所に設置し、重力波が到達するとこれらのアルミ棒が振動する装置を開発しました。

地上は常に振動していますし、それ以外にも多くの雑音があります。そのために、アルミ棒は重力波に関係なく常にある程度振動しています。しかし、1000キロメートルも離れた独立な2点で、同時に振動が起こったならば、それは雑音ではなく、重力波が原因である可能性が高いはずです。ウェーバーは、1969年5月12日から12月14日にかけて、311回の同時振動を検出し、これが銀河中心から放出されている重力波によるものだと発表しました。

この衝撃的な発表は、世界中で重力波検出に真剣に取り組む新たなグループを生み出しました。東京大学の平川浩正《ひらかわひろまさ》（1929―1986）もその一人です。現在、日本の重力波検出実験で活躍している研究者の多くは彼の弟子、孫弟子さらには曾孫弟子にあたります。ただし、ウェーバーの結果は、その後の追観測では確認されず、重力波起源の信号ではなかったと結論されています。

本章では、一般相対論が予言する重力波を巡る歴史を紹介します。登場する主役は、星全体が巨大な原子核とも言える中性子星、そしてそこからは何物も逃れられないブラックホールです。

スプーン1杯分が10億トンの中性子星

地球上に存在するすべての物質は、原子からできています。原子は中心に原子核があり、その周りをマイナスの電荷を持つ複数の電子が回っており、いわば太陽の周りを複数の惑星が公転している惑星系のような構造をしています（より正確には、量子論と呼ばれる難解で直感に反する理論で記述されるのですが、ここではとりあえずそのようなイメージで理解してもらえば十分です）。

原子の大きさは約1億分の1センチメートルで、その中心にある原子核はさらにその10万分の1（約10兆分の1センチメートル）でしかありません。そこまで極微なスケールとなると全く実感がわかないことでしょう。でもとてつもなく小さいことだけわかってもらえれば大丈夫です。この原子核は、プラスの電荷を持つ陽子と、電荷を持たない中性子とい

図6.6 原子と中性子星、及び太陽の大きさの比較

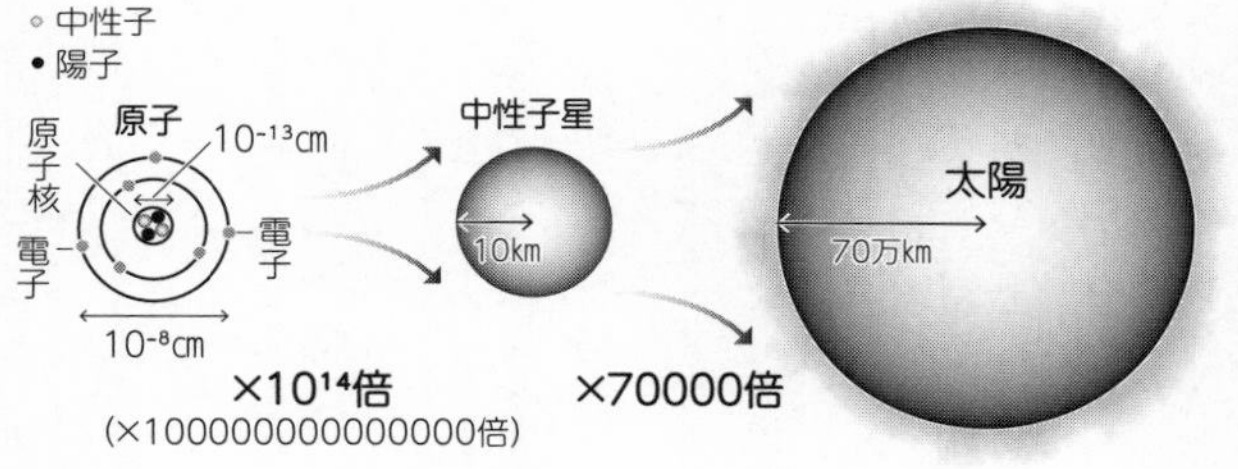

う2種類の粒子が複数個集まって構成されています。

この中性子の存在を初めて提案したのは、ニュージーランド出身の実験物理学者、アーネスト・ラザフォード（1871―1937）です。実験的に確認したのは、ラザフォードの弟子であるジェイムス・チャドウィック（1891―1974）で、1932年のことです。

さて、通常の原子核を構成する中性子は、たかだか数十個程度しかありません。しかし中性子が発見された翌年には早速、旧ソ連と米国の物理学者らが、中性子から構成された星（中性子星）が存在する可能性を理論的に考察しています。

中性子星は太陽とほぼ同じ質量を持ちながら、半径は10キロメートル（太陽の半径の7万分の1で、山手線の直径程度）しかありません。とはいえ、原子のサイズの10の14乗倍、通常の原子核のサイズに比べると10の19乗倍もの超巨

大原子核に対応します（図6・6）。中性子星の成分をスプーン1杯分だけ取り出すと、なんと約10億トンという想像を絶する重さになります。

とすれば、SFに登場する天体としては面白いものの、とても実在するとは思えません。しかしながら、提案した人たちがいずれもそうそうたる物理学者だったためでしょうか、中性子星は理論的には大いに注目されていました。

地球外文明からの信号を発見？

さて、それから約30年後の1967年11月28日、英国ケンブリッジ大学のアントニー・ヒューイッシュと、大学院生ジョスリン・ベルは、大学近くに設置した電波望遠鏡の観測データの中に奇妙な電波信号があることに気づきました。

現在の天文学の観測データは、まずすべてコンピュータ上に取り込まれ、必要な処理がなされたあと、可視化された結果がディスプレイに表示されます。しかし当時は、一定の速度で動く巻紙の上に、受信した信号の強さが直接アナログ的に記録されるようになっていました。図6・7がその一部です。

上の曲線が受信した電波信号で、横軸が時間方向、縦軸が信号の強度（下ほど強い信号

図 6.7　ヒューイッシュとベルが発見した電波パルス信号

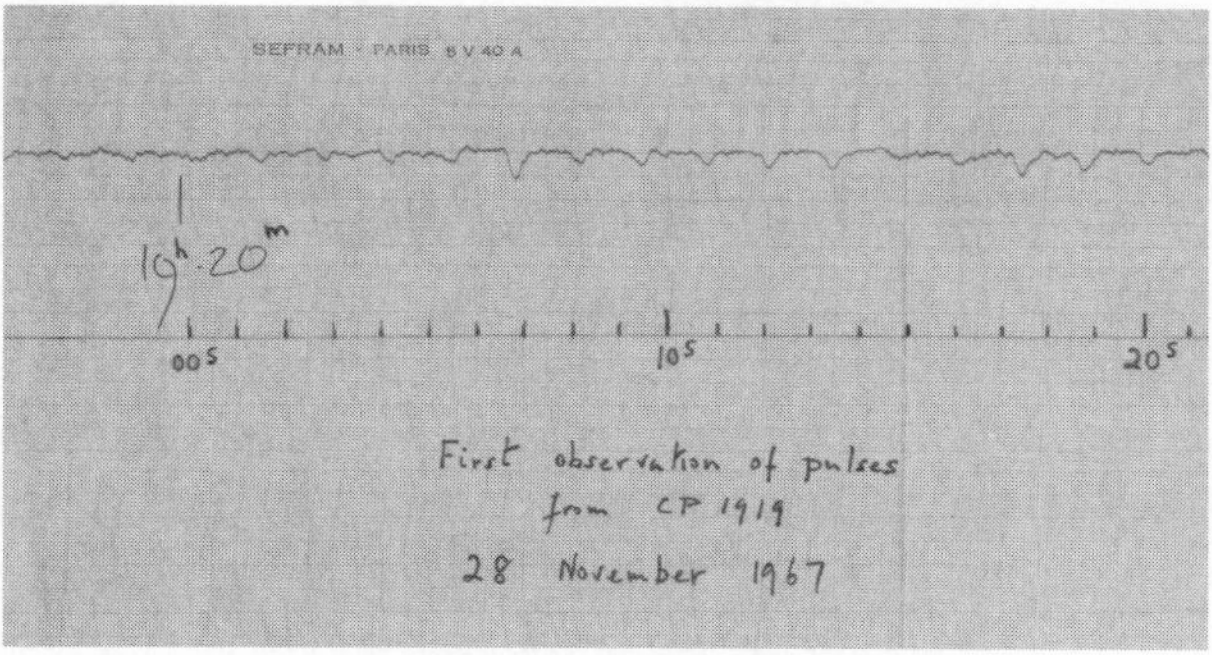

Hewish pulsar chart, 28 November 1967, HWSH Acc 355

に対応します）です。下の横軸につけられた縦棒は1秒間隔を示す目盛りで、この部分が約20秒間の観測データであることを示しています。下に振れたパルス状の信号が、約1・4秒の規則的な周期で届いていることが一目瞭然です。その後の解析から、そのパルス周期は100億分の1秒の精度で一定であることも確認されています。

当時は、このような正確に規則正しい周期の信号を出す天体現象は知られておらず、地球外高度文明からの人工的信号なのではないかと考えられたことすらありました。そのため、信号を出しているると思しき天体がLGM－1（Little Green Men-1）と名づけられたほどです（「緑色の小人」は宇宙人を指すときにしばしば用いられる呼び名だそうですが、そうだとしても「人」は変ですし、緑色というのも想像力の貧しさを露呈していますね)。

しかし、その後の研究によって、この信号は理論的に存在が予言されていた中性子星が1・4秒という驚くほど短い周期で自転しており、それに伴うパルス的な電波であることがわかりました。太陽は約1カ月、地球は1日の周期でそれぞれ自転しています。仮にそれらが1・4秒の周期で高速自転しているとすれば、強い遠心力のために地球も太陽もバラバラに分裂してしまいます。

これらとは異なり、スプーン1杯分が約10億トンもの超高密度の中性子星だからこそ、その強い重力のおかげでそのような高速自転を支えることが可能なのです。逆に言えば、そのような高速自転が可能な天体は中性子星しかない、というわけです。

このような議論を経て、LGM-1は、パルス的な電波を発する中性子星という意味でパルサーと呼ばれる種族の発見第一号であることが確定しました。そのために、名前もパルサー(pulsar)の頭文字と、その天体の天球上の位置座標(地球上の経度と緯度を天球上に延長した座標系を用いれば、経度が19時19分、緯度が北緯21度)を組み合わせて、PSRB1919+21と呼ばれています。

今までに2000個近い電波パルサーが発見されており、パルサー(つまり中性子星)は天文学的に重要な天体種族として確立しています。

このパルサーの最初の発見に対してヒューイッシュは1974年のノーベル物理学賞を受賞しました。にもかかわらず、共同研究者であったベルは共同受賞を逃しています。これは彼女が女性かつ学生であったためではないかとの憶測がなされ、長期間にわたってその選考結果の正当性に関する大きな議論を巻き起こしました。

連星パルサーからの重力波の証拠

通常は10兆分の1センチメートルという目には見えないミクロなサイズの原子核が、10キロメートルの超巨大原子核というべき中性子星として、マクロな世界にも実在するというのは、本当に驚異的です。微視的世界と巨視的世界をつなぐ物理法則の普遍性を示す好例と言えるでしょう。しかし、実はまださらなる驚きが待っていました。

米国マサチューセッツ大学のジョゼフ・テイラーと大学院生ラッセル・ハルスは、カリブ海のプエルトリコにあるアレシボ電波望遠鏡を用いて、数多くのパルサーを発見するプロジェクトを行っていました。1974年、彼らは自転周期が59ミリ秒の新たなパルサーPSR B1913+16を発見します。

これは、ヒューイッシュとベルが発見したPSR B1919+21より、約20倍も速く自転する中性子星です。しかも、その電波パルス信号はさらに7・75時間の周期で到着時間がゆっくりと変動していたのです。

これは、そのパルサーが、もう一つの別の中性子星(これはパルスを出していないのでパルサーではありません)と連星系をなしているためです。7・75時間の周期で互いに公転しているために、パルサーはその周期で我々に対して少しだけ距離が近づいたり遠ざかったりします。その結果、地上でのパルスの到着時間が7・75時間周期で変動していたのです。これが史上初めての「連星」パルサーの発見となりました。

しかし一体全体、どうやって中性子星連星が形成されたのか。これは興味深い天文学的問題ですが、まだ多く謎が残っています。それとは独立に、この連星パルサーは一般相対論を精密検証する上で、極めて重要な役割を果たしました。

図6・5で紹介したボートの例のように、重い天体が激しく運動しているとそこから重力波が放出されます。ほぼ太陽と同じ質量の二つの中性子星が、わずか8時間足らずの周期で互いに公転している連星パルサーは、まさにその重力波を放出する天体なのです。

重力波を放出してエネルギーを失えば、この連星パルサーの運動も影響を受けて変化するはずです。というわけで、再び一般相対論の出番となります。水星の近日点移動や、太陽の周りを通過する光の曲がり角を計算したときと同じく、一般相対論の基礎方程式を用いれば、重力波を放出する結果として、この連星系の公転半径は毎年3・5メートルずつ減少することが予言されます。そのために、連星パルサーの公転周期は毎年76・5マイクロ秒ずつ減少するはずです（図6・8）。

図 6.8
連星パルサーからの重力波

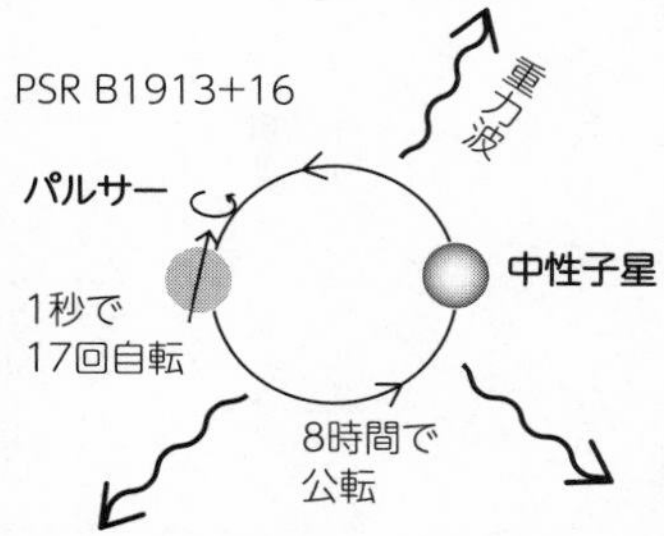

1年経つと公転周期が0.0000765秒だけ短くなる（公転半径が1年に3.5メートルだけ短くなる）

それにしても驚くべき小ささです。そんなわずかな変化を実際に観測で確かめることができるのか、と訝しがるのも当然です。しかし、ハルスとテイラーによる20年近くもの連星パルサーの観測の結果、その公転周期がまさに一般相対論の予言通り減少していることが確認されました。

これは重力波を直接検出したわけではありませんが、間接的な意味でその存在を証明したことになります。彼ら2名はその業績によって1

993年にノーベル物理学賞を受賞しました。

ところで、当時学生であったハルスが共同受賞者となったのは、ノーベル賞委員会がベルが受賞しなかった際に受けた批判を繰り返されたくなかったためだとの噂もあります。

その噂の真偽はともかく、この連星パルサーからの間接的な重力波発見もまた、宇宙が物理法則に従っている端的な証拠です。はるか彼方にある二つの中性子星が、わずか8時間で互いに公転しており、しかもその周期が毎年わずか76・5マイクロ秒ずつ減少することを正しく予言する理論は、たまたま一致する偶然ではありえません。その理論の基礎となっている方程式がいかに正確で信頼性の高いものであるのかを同時に証明しています。さらに、この世界が一般相対論とそれを支える数学に従って振る舞っていることを強く示唆していると言えるでしょう。

ブラックホールを最初に予言した人物

一般相対論が予言する驚くべき天体としてもっとも有名なのは、ブラックホールでしょう。これもまた一般相対論の基礎であるアインシュタイン方程式から得られた数学的な解です。それを最初に導いたのはアインシュタインではなく、カール・シュバルツシルト

（1873―1916）というドイツの天文学者でした。

1914年に第一次世界大戦が勃発するとシュバルツシルトは自ら志願してドイツ陸軍に入隊します。1915年に一般相対論が発表されると、ロシアで従軍中であったにもかかわらずその厳密解を発見し、アインシュタインに手紙を送りました。これは現在、シュバルツシルト解と呼ばれ、もっとも基礎的で重要なブラックホールの例となっています。

第4章では、1915年11月18日にアインシュタインが、プロイセン科学アカデミーで、一般相対論を用いて水星の近日点移動の説明に成功した論文を発表したことを紹介しました。ちょうどその日休暇中であったシュバルツシルトも聴衆の一人でした。これは一般相対論の基礎方程式の発見を巡るヒルベルトとの先取権争いの中の出来事で、アインシュタインは、世界中から尊敬を集めていたこの高名な天体物理学者に注目してもらうことを期待していたようです。そして彼の期待は予想以上に成功しました。一般相対論に感銘を受けたシュバルツシルトは、アインシュタインよりも早く、後にブラックホールと呼ばれることになる奇妙な解を発見したのですから。

さて、複雑な一般相対論の基礎方程式に厳密解が存在するなどとは夢にも思わなかったアインシュタインは、シュバルツシルトの結果にとても驚いたようです。早速シュバルツシルトの代わりにその論文をドイツアカデミーに提出しましたが、論文が発表された4カ月後の1916年5月11日、シュバルツシルトは病死してしまいます。

それにしても、戦争の最前線にいながら最先端の物理学の研究を続け、アインシュタインですら気がつかなかった答えを発見するとは、まさに驚嘆すべき才能と強靭な意志の持ち主ですね。

ちなみに、彼の息子であるマーティン・シュバルツシルトは、1936年に米国に移住し、その後プリンストン大学教授として、星の構造と進化に関する多くの優れた業績を挙げました。私もプリンストン大学でお会いしたことがありますが、いつも大きな声でしゃべる快活な方で、誰からも愛される性格だったようです。

また、ブラックホールという言葉は、同じプリンストン大学教授のジョン・アーチボルト・ホイーラー（1911―2008）が使ったことで広まったものだと言われています。ビッグバンの例と同じく、難しい物理学の概念に魅力的でわかりやすい名前をつけることは、とても大切なのですね。

ブラックホールはただの数学的解でしかない？

さて、シュバルツシルトが発見したブラックホールとは、ある半径内に大量の質量が存在する結果、あまりに重力が強くなりすぎて光ですら脱出できなくなった領域を指しています。といってもこれだけではまだよくわからないことでしょうから、図6・9の例を用いて説明してみましょう。

地面から空に向かってボールを投げる場合を想像してください。どんなに思いっきり投げても、そのボールはやがて地面に落ちてきます。これはもちろん地球の重力のためです。しかし、仮にはるかに大きな速度でボールを投げる装置を作れば、そのボールを地球外に脱出させることが可能です。人工衛星の打ち上げはまさにその例です。

さて、地球よりもずっと重力の強い天体を考えれば、その天体から脱出するために必要な速度はさらに大きくなります。ところが、いかなる物体も光の速度を超えることはできないことがわかっています。とすれば、光の速度をもってしても脱出できないほど強い重力を持つ天体からは何も脱出できないことになります。まさにこれがシュバルツシルト解であり、外から眺める観測者にとっては黒い穴＝ブラックホールとなる、というニックネームの由来でもあります（図6・9）。

どんな質量の物体であろうと、仮にその質量をある限界半径以下に詰め込むことができたとすれば、それはブラックホールとなりえます。この限界半径はシュバルツシルト半径と呼ばれています。

しかしその半径のところに固い表面があることは意味しません。実際の質量はそれよりもはるかに小さな中心付近に集中していると考えるほうが自然です。シュバルツシルト半径の外側からはその内部を見ることは不可能なので、実際に内部がどのような構造をしているかはわからないのです。

太陽の質量（2×10^{33}g）の場合、そのシュバルツシルト半径は3キロメートルになります。実際の太陽の半径は約70万キロメートルなので、その全質量を20万分の1以下の半径3キロメートルの球内に詰め込むことができたとすれば、それはブラックホールとなります（これは中性子星の半径の3分の1以下です）。

しかし、これはどう考えても無茶としか思えません。だからこそアインシュタインですら、シュバルツシルトが見つけたブラックホールはあくまで数学的な解に過ぎず、それが現実の宇宙に存在するはずはない、と考えていたようです。

図 6.9　光すら脱出できないブラックホール

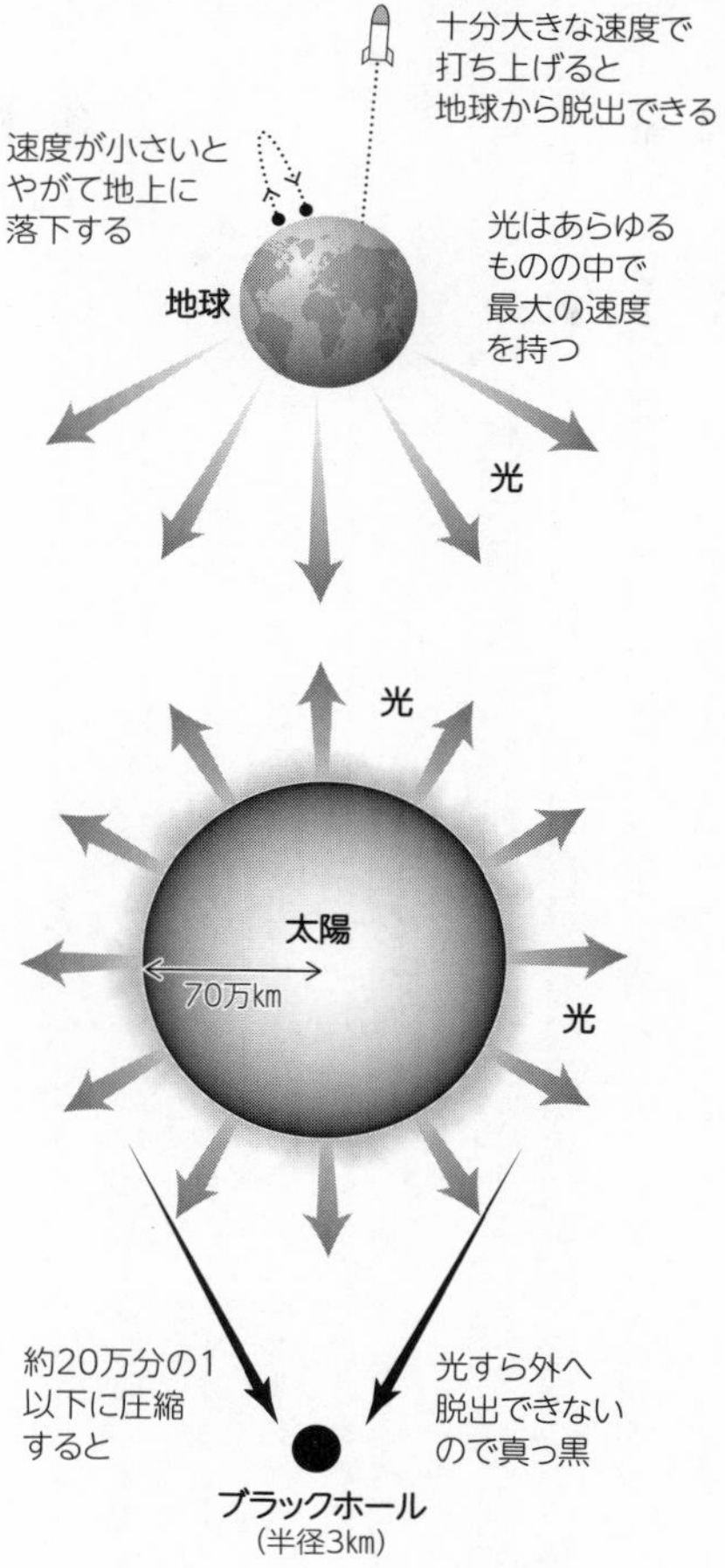
十分大きな速度で
打ち上げると
地球から脱出できる
速度が小さいと
やがて地上に
落下する
光はあらゆる
ものの中で
最大の速度
を持つ
地球
光
光
太陽
70万km
光
約20万分の1
以下に圧縮
すると
光すら外へ
脱出できない
ので真っ黒
ブラックホール
(半径3km)

ブラックホールは宇宙で一番明るい天体？

かつてはそのように数学的な解に過ぎず実在するはずがないと考えられていたブラックホールですが、今では天文学の主役と言えるほど重要な観測ターゲットとなっています。

ここで「あれ？　光さえも脱出できないはずのブラックホールは観測できないはずではないか」と思われたかもしれません。ところが実際には、ブラックホールはその強い重力によって、周りにある物質を次々とのみ込みながら成長するため、それらの物質はブラックホールに到達する以前に膨大なエネルギーを光として放出します。その光はシュバルツシルト半径の十分外側から出てくるおかげで、我々が観測できるのです。

初めてのブラックホール候補天体とされたのは、1964年に白鳥座で発見されたX線で輝く天体、白鳥座X－1です。これは、20太陽質量（太陽の20倍の質量）を持つ青色超巨星の周りを回る15太陽質量のブラックホールであると考えられています。連星をなしている青色超巨星のガスがブラックホールに流れ込む途中で、高温となって強いX線を出しながら輝いているのです。

さらに最近では、我々の天の川銀河を含むほとんどの銀河の中心には、太陽の10万倍から100億倍の質量を持つ超巨大ブラックホールが存在していることもわかってきました。また、クエーサーと呼ばれる宇宙でもっとも明るい天体は、超巨大ブラックホールに周辺の物質が降り積もる際に大量のエネルギーを放出しているものと解釈されています。

このように、ブラックホール自身は暗くて観測できないのにもかかわらず、それを中心に持つ系は宇宙でもっとも明るい天体なのです（図6・10）。

図 6.10 ブラックホールは明るい！

図 6.11　でもブラックホールは
やはり黒い穴だった

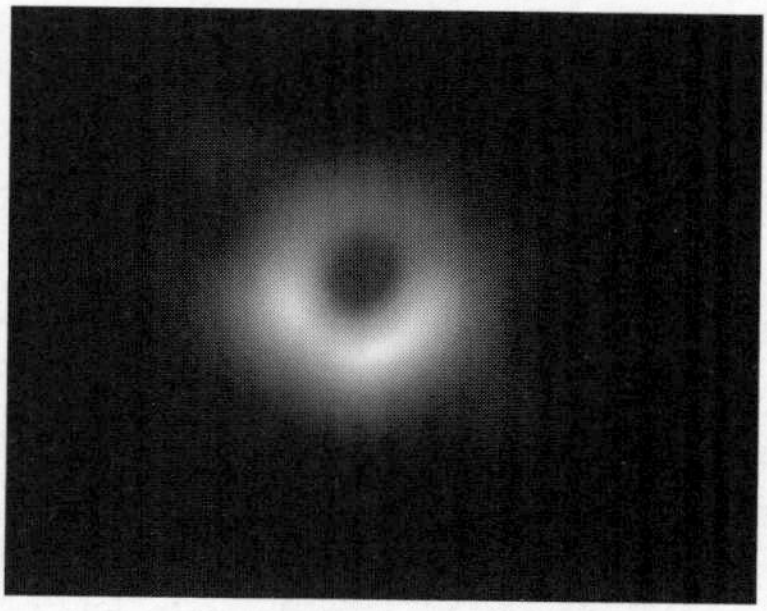

２０１９年4月10日に、ＥＨＴ（Event Horizon Telescope：事象地平線望遠鏡）共同研究グループが、楕円銀河M87の中心にある巨大ブラックホールを電波で撮像したことが話題になりました。事象地平線とはシュバルツシルト半径の別名です。

図6・11の中心の暗い部分が大まかにはブラックホールの領域ですが、正確にはブラックホールの大きさ（シュバルツシルト半径）の約3倍の大きさに対応しています。そのため、これはブラックホールそのものではなく、ブラックホールシャドー（影）と呼ばれています。その周りを囲むリング状の明るい部分は、いわばブラックホールに引き寄せられてまとわりついている光の束です。

いずれにせよこのデータは、ブラックホールはやはり黒い穴なんだなあという直感的なイメージを確認してくれる芸術的な観測結果だと思います。

素朴な疑問に答える⑫――ブラックホールに入るとどうなる？

Q　人類がブラックホールに到達することは可能なのでしょうか？　実際に入ってみたら人はどうなってしまうのですか？

Ａ　なかなか冒険心に富んでいますね。実はこれはとても面白い質問なのです。人間がブラックホールに向かって頭から落ち込んでいる状況を考えましょう。

その場合、ブラックホールの重力によって、人間の体は落下方向に沿って引き伸ばされます。太陽質量程度のブラックホールの場合には、その力が強すぎて人間は直ちにバラバラに引き裂かれてしまいます。おそらくホラー映画のような光景となることでしょう。

ところが、太陽質量の１００万倍程度の超巨大ブラックホールの場合には、引き伸ばす力は逆に弱くなってしまい、ほとんど気がつかないうちにブラックホールの内側に入り込んでしまうはずなのです。このようにみなさんの直感とは全く逆に、ブラックホールは大きければ大きいほど危険性がなくなり、安心安全な天体になります。

その内側にダイビングしたい勇気ある人がいらっしゃるならば、太陽のような星の質量程度のブラックホールではなく、それよりはるかに大きな超巨大ブラックホールを選ばれることをお勧めします。

といっても一旦ブラックホールの内側に入ってしまうと、もはや元の世界に戻ることはできません。それどころか外界とは完全に隔絶されますし、外側の人にとっては内側に入った人は死んだも同然です。したがって、個人的には、ブラックホールの中に入ることは避けたほうがいいと思います。

最後に一つ面白いことを付け加えておきましょう。実は我々はある意味では、すでにブラックホールの中に住んでいると解釈することもできるのです。

どのような領域であれ、その質量に対して決まるシュバルツシルト半径よりも外側にいる観測者にとっては、その内側の領域はブラックホールのように見えます。ブラックホールは決して高密度である必要はありません。例えば現在の宇宙の密度から計算すれば、我々から約100億光年以上離れた観測者から見るとその内部はブラックホールとなってしまいます。

図5・2と図5・3において、我々から138億光年以上離れた場所は観測できず、宇宙の地平線の先にあると述べました。その先には何もないのではなく、観測できないだけで我々と同じような宇宙がずっと広がっているはずです。逆に言えば、138億光年以上離れた観測者にとっては、我々は見えません。まさにこれはブラックホールと同じ状況です。

通常のブラックホールの場合とは異なり、今の場合、我々が住む領域のシュバルツシルト半径は宇宙の年齢に比例して大きくなりますが、これもまた図5・2で説明した宇宙の地平線の半径と同じです。

というわけで、ブラックホールにはいろいろな可能性があるものの、必ずしも想像を超えた危険なものではなく、我々に馴染み深い風景が広がっているとしても不思議ではありません。

重力波を地上で検出する

連星パルサーの観測によって、一般相対論の予言する重力波の存在は間接的に証明されました。しかし、それで終わりというわけではありません。むしろその逆に、物理学者たちは、地上実験で重力波を直接検出するという長年の「夢」に向かって、さらなる情熱をかきたてられることになりました。

というのも、重力波が地上で観測できるようになると、可視光、赤外線、電波、X線などといった電磁波では決して見ることのできなかった未知の天体現象を解明する新たな天文学の開拓となるからです。

一方で、重力波信号は極めて小さく、その検出は最先端の計測技術を駆使することが不可欠です。つまり、重力波とは、天文学者にとっての「宇宙を見る新しい目」であり、物理学者にとっては「極限実験を通じた一般相対論検証の切り札」なのです。

それにしても、この重力波による空間の歪みは想像を絶する小ささです。通常、重力波の強さはhというパラメータで表されます。これは距離Lだけ離れた2点間を重力波が通過すると、その影響で空間が歪むためその距離が$h \times L$だけ余分に伸び縮みすることを意味します。後に述べるように、2015年に初めて検出された重力波の大きさは$h = 10^{-21}$程度ですから、もとの長さの1兆分の1のさらに10億分の1の変化をとらえたことになります。

この$h = 10^{-21}$の振幅を持つ重力波が太陽系を通過すると、地球と太陽の距離（約1・5億キロメートル）が、原子1個分程度だけ変化します。また、地球の大きさは約1万キロなので、その半径も原子核10個分（10^{-14}メートル）程度変化するはずです。こんな値になるとどう言い換えようとピンとこないかもしれませんが、とにかくめちゃくちゃ小さいことだけはおわかりいただけたでしょうか。

さて、ハルスとテイラーの発見した連星パルサー（図6・8）は、重力波を放出しながらゆっくりと互いに近づき、今から3億年後には完全に合体して、その瞬間に膨大なエネルギーを重力波として放出することが期待されます。地球上でその重力波を観測すると$h=10^{-18}$の大きさとなるはずです。これは先ほどの例の1000倍の大きさですから、十分検出可能です。

といってもさすがに3億年も待ってはいられません。この連星中性子星は天の川銀河内にあり、地球から約2万光年離れています。もっと遠方の銀河まで観測できるようになれば、今まさにこの瞬間合体しつつある連星中性子星を捕まえることができるはずです。

そこで、1年に1回程度の頻度で連星中性子星合体からの重力を検出するために必要となる感度を大まかに推定すると$h=10^{-21}$となります。これが、実験家が達成すべき目標となりました。そしてまさにその目標が実現する日がやってきたのです。

13億光年先の宇宙にあったブラックホールからの重力波

人類史上初めて検出された重力波は、日本時間の2015年9月14日18時50分45秒に地球に到達しました（実際に放出されたのはその時刻から13億年も過去のことですが）。この重力波天体は、重力波（Gravitational Wave）を省略したGWに検出年月日を組み合わせて、GW150914と名付けられました。

図6.12
3000キロメートル離れたLIGOの二つの観測施設

この大発見を成し遂げた観測装置はLIGO《ライゴ》（Laser Interferometer Gravitational-wave Observatory：レーザー干渉計重力波天文台）と呼ばれ、約3000キロメートル離れたワシントン州ハンフォードとルイジアナ州リビングストンの二つの地点に置かれた実験施設です（図6・12）。

それぞれの地点に4キロメートルの長さの二つの腕を持つL字型の装置が置かれ、重力波が通過した際の二つの腕の長さの微妙な変化分をレーザー光を用いて精密測定します。重力波以外の装置の雑音や地震によっても頻繁に長さが変化するため、遠く離れた独立した2カ所で、ほぼ同時に同じ変化を示す信号を検出することが、この実験の本質です。図6・13の下図が人類が初めて直接検出に成功した重力波信号です。図6・13の上図に見えている二つの腕の長さの変化分から導かれた重力波振幅hを時間の関数として示しています。ただしその中には重力波以外の雑音も含まれています。

この信号の大きさが周期的に変動しており、しかもその周期は徐々に短くなっていることがわかるでしょうか。図の横軸の時刻が0・42秒を超えたあたりで、急に信号が弱くな

図 6.13　日本時間2015年9月14日18時50分45秒に到達した重力波信号

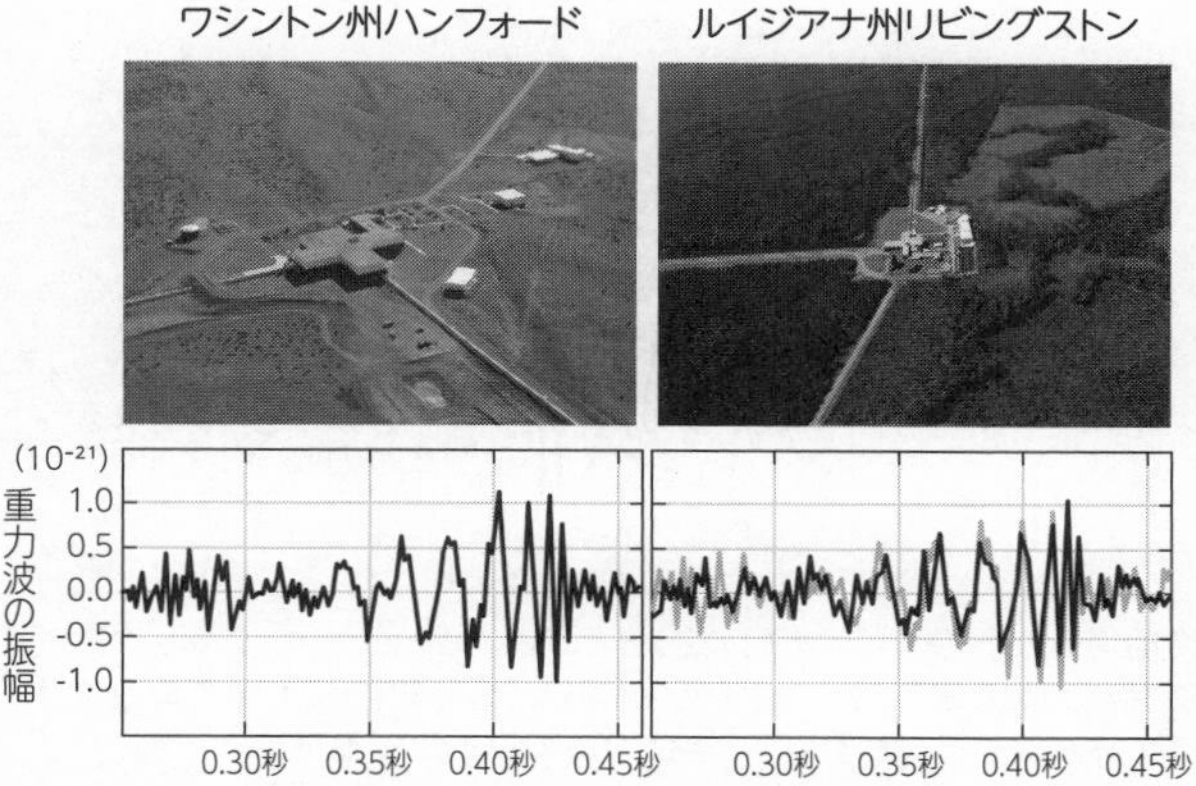

約3000キロメートル離れた二つの施設で2015年９月14日、ほぼ同時に検出された重力波信号の時間変化（右の図には左の信号も適宜補正して重ねてある）

っています。この時刻に二つの天体が合体して一つになったことを意味します。一般相対論的数値シミュレーションを駆使して、このデータをもっともうまく説明する重力波信号の理論予言を示したものが図6・14です。

これは、あたかも予想していた二つの中性子星の合体現象のように思えますが、推定された天体の質量は、なんと太陽の30倍もありました。中性子星の質量は太陽のせいぜい3倍以下であることがわかっていますから、この天体は中性子星ではなくブラックホールの

図 6.14　図 6.13 のデータから推定された GW150914 のモデル予想

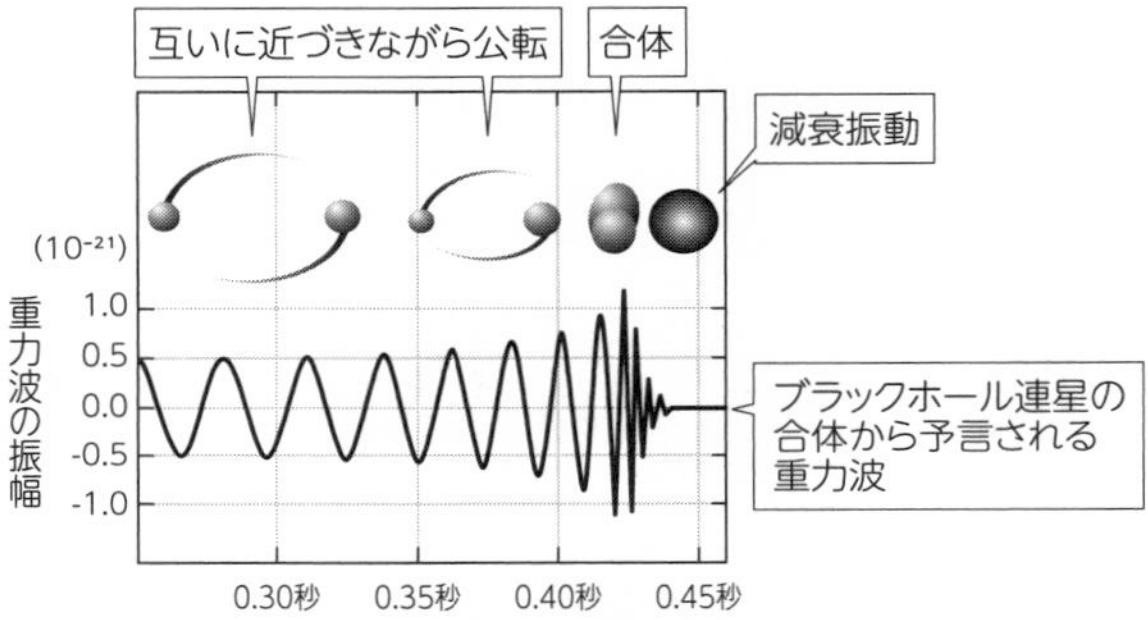

今回得られた信号は、太陽の29倍と36倍の質量を持つブラックホール連星が、重力波を放出しながら合体し、最終的に62太陽質量のブラックホールになったとするモデルとぴったり一致する

連星だと結論せざるをえません。つまり、史上初の重力波の直接検出は、同時に史上初めてのブラックホール連星の発見でもあったのです。

詳細な解析によって、今回の重力波信号は、地球から13億光年先にある太陽質量の29倍と36倍の二つのブラックホールが互いに公転しながら衝突して合体し、一つのブラックホールを形成した際に放出されたものだと結論されました（図6・14）。

ブラックホール連星が互いに離れて公転しているときには、ほぼ一定の振幅の重力波が放出されますが、その段階の重力波は小さすぎて検出できません。しかし、そのブラックホール連星は長い時間をかけて重力波を放出することでエネルギーを失い、徐々にその距離を縮め、公転周期が次第に短くなります。そして、お互いがくっつく程度の距離で公転するようになった最後のわずか1秒未満で瞬間的に莫大な重力波を放出し合体します。合体後は、振動しながら重力波を放出し、やがて安定な62太陽質量の一つのブラックホールとなりました。

この大質量ブラックホール連星は、合体する前後のわずか0・1秒未満という短時間に、太陽質量の3倍にあたる莫大なエネルギーを空間を歪める波として放出しました。その際に放出された強烈な重力波が、13億年後に地球に到達し検出されたのです。標語的には、「29＋36＝62の発見！」と言って良いでしょう。

我々は太陽が放出するエネルギーのおかげで生存しています。このブラックホール合体で放出された重力波は、我々の太陽がその一生である約100億年かけて放出するエネルギー総量の1000倍以上を、しかも文字通り一瞬のうちに放出し尽くしたのです。

言うまでもなく大質量ブラックホール連星の存在、さらにはそれらの合体は完全に物理法則に従った現象です。にもかかわらず、ほとんどの天文学者はそんなことが起こる確率は限りなく低く、検出できるわけはないと思い込んでいました。

やはり宇宙は、そして天体現象は、人間の想像力をはるかに凌駕していることを思い知らされます。と同時に、物理法則に矛盾しない現象は、どれほどありえないように思えても、この広い宇宙のどこかで必ず実現することを再確認させてくれました。

素朴な疑問に答える⑬——この地球も重力波を出している?

Q　この地球も重力波を出しているのですか?

A　連星中性子星や連星ブラックホールに限らず、互いに公転している系からは重力波が放出されます。地球は太陽の周りを公転しているので、もちろん重力波を出しています。ただしあまりにも小さすぎてその効果を知ることは不可能です。例えば、地球と太陽が重力波を出すことで合体するのは、今から約10^{23}年後（現在の宇宙年齢の10兆倍!）と計算されます。ただし、それよりはるか以前の今から50億年後には、太陽は赤色巨星となり地球をのみ込んでしまっているはずです（次の質問に対する答えも参照してください）。

Q　連星パルサーや連星ブラックホールは、重力波を放出すればエネルギーを失うということでした。そもそも重力というのはもともと総量が決まっていて、やがてはゼロになってしまうような、そんな性質のものなのでしょうか？　星がある限り、永遠にあるような類いのものかと思っていました。

A　確かにその意味では誤解を招く説明だったかもしれませんね。おっしゃる通り、質量がある限りその重力エネルギーはゼロにはなりません。重力波放出によって失うのは、その一部分だけです。連星ブラックホールの場合の「29＋36＝62の発見！」とはまさにそれを示したつもりでした。

質量は本質的にはエネルギーと等価で、それらの関係を表すのが有名なアインシュタインの式$E=mc^2$（エネルギー＝質量×光速の2乗）です。したがって、太陽の29倍と36倍の質量に対応するエネルギーを持っていた二つのブラックホールが合体して、太陽質量の62倍のブラックホール一個になったということは、差し引き3倍の太陽質量に対応するエネルギー分だけが重力波として放出されたことを意味しています。

この3倍太陽質量というのは莫大なエネルギーです。我々の太陽は約１００億年間輝き続けたあと、中心で使える燃料をほぼ使い尽くし、赤色巨星という別のステージに進化します。

しかしその間に放出する光エネルギーの総和は、太陽質量の0・1%以下でしかありません。言い換えれば、我々の太陽が100億年かけて光として放出する1000倍以上のエネルギーが、わずか0・1秒間程度に重力波となって失われたわけです。

Q　重力波という途方もなく弱いエネルギーの精密測定がなぜ可能なのですか?

A　少し難しい話になりますが、せっかくなので丁寧に説明しておきましょう。LIGOでは、1969年のウェーバーが提案したアルミ棒の振動を用いる手法ではなく、レーザー干渉計という方法が採用されています。

その原理自体は比較的単純です。図6・15のように光源から出たレーザー光は、ビーム分割器によって二つの直交した方向に分けられ、それぞれの腕の反対側につけられた反射鏡に到達したあと、そこで反射して再び元の場所に戻ってきます。レーザー光は波なので、異なる方向から戻ってきた二つのレーザー光を再び足し合わせると、お互いに強め合ったり弱め合ったりする性質があります(これをレーザー光の干渉と呼びます)。重力波がない状態では、この装置の腕の長さを微調整して、異なる腕で反射して戻ってきた二つの光が検出器上では打ち消されるようにしておきます。

図 6.15　レーザー干渉計による重力波検出原理

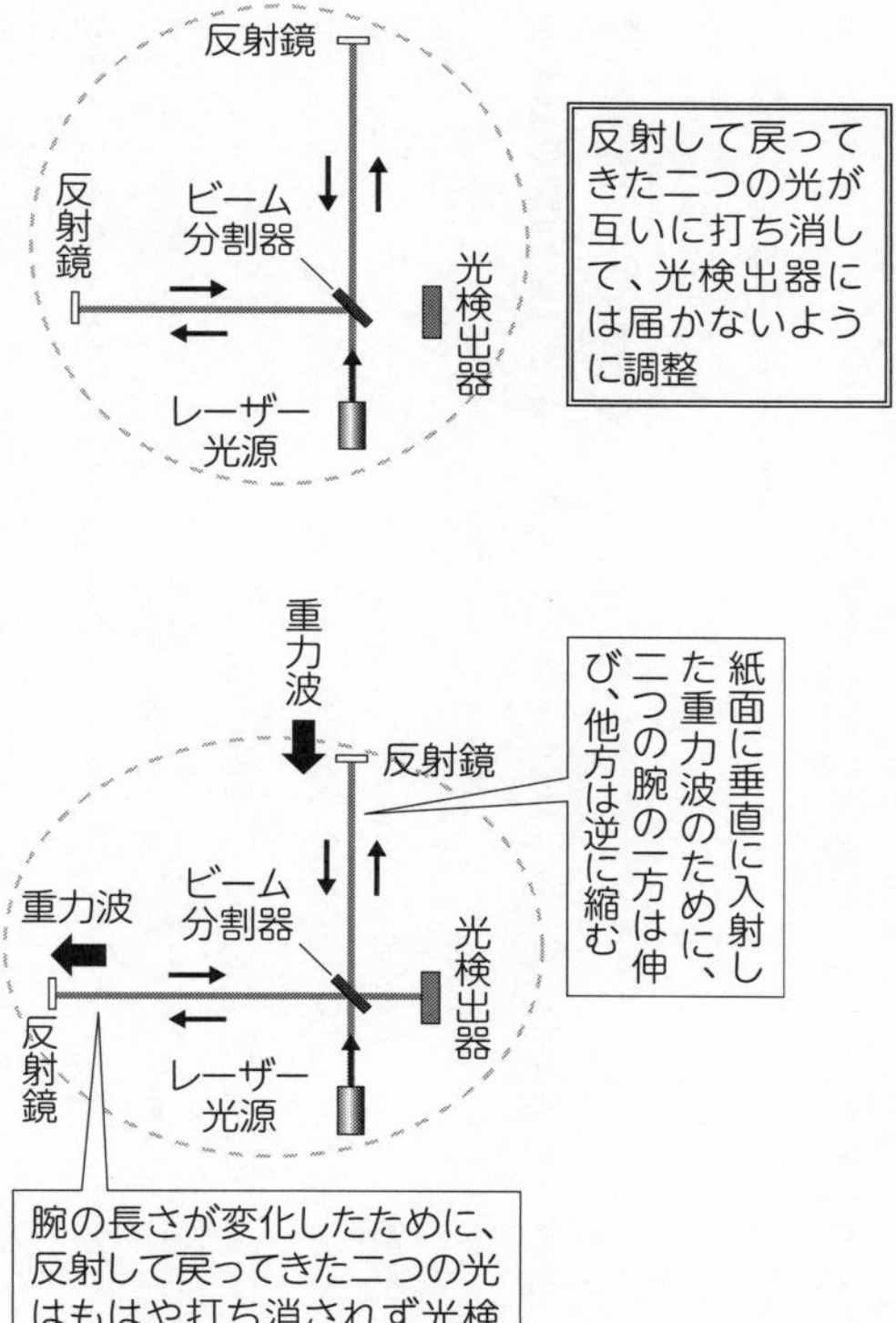
紙面に垂直に入射した重力波のために、二つの腕の一方は伸び、他方は逆に縮む
腕の長さが変化したために、反射して戻ってきた二つの光はもはや打ち消されず光検出器に届く

ここに重力波が入射すると、腕の長さが変化します。紙面に垂直な方向から振幅hの重力波が入射し空間を歪ませると、どちらかの腕はh倍だけ長くなり、それと直交した別の腕はh倍だけ短くなります。この長さのずれのために、二つの方向から戻ってきた二つの光はもはや互いに打ち消されず、検出器上に信号が生まれるのです。

この原理を用いたレーザー光による精密計測は、様々な分野ですでに広く用いられています。1970年代にこのレーザー干渉計を用いた重力波検出器を提案したのはレイナー・ワイスで、2017年にノーベル物理学賞を受けた3人のうちの一人です。しかし当初は数キロメートル離れた2点間の距離を10^{-21}の精度で（つまり小数点以下21桁目の値まで）決定するなど絶対に不可能だと思われていました。

半世紀近い長い歳月をかけて、その原理を実現し重力波発見を導いたのは、彼のみならず無数の実験物理学者の信念と情熱と努力の結果です。

物理法則が予言する現象は必ず実在する

この連星ブラックホールからの重力波発見以前に予想されていた連星中性子星の合体による重力波はどうなったのでしょうか。

ＧＷ１５０９１４のブラックホールは中性子星に比べて約30倍の質量を持ちます。それが連星をなしているために、放出される重力波の強さはその二つの積である30×30、つまり約１０００倍となります。逆に言えば、ＧＷ１５０９１４よりも１０００分の１の距離以内で起こる連星中性子星合体でないと、そこからの重力波を検出することはできません。つまり、ごく近くで起こる連星中性子星合体を気長に待つしかありません。

しかし幸運なことに、約2年後の２０１７年8月17日、連星中性子星の合体に伴う重力波信号ＧＷ１７０８１７が検出されました。その結果が発表されたのは２０１７年10月16日。ＧＷ１５０９１４の発見に決定的な貢献を行ったマサチューセッツ工科大のレイナー・ワイス名誉教授、カリフォルニア工科大のバリー・バリッシュ名誉教授とキップ・ソーン名誉教授の３名にノーベル物理学賞が授与されることが決まった約10日すぎのことでした。

ノーベル賞に輝いたブラックホール連星合体は、文句なしに歴史に残る大発見です。一方で、ブラックホールであるが故に、重力波以外の望遠鏡では何も観測できませんでした。これに対して、中性子星連星合体に対応するＧＷ１７０８１７の場合、世界中の70以上の天文台がその方向を一斉に観測し、γ線からX線、紫外線、可視光、赤外線、電波にわたる広い波長帯で対応する天体からの信号が検出されました。このように天文学全体により大きな波及効果をもたらしたのです。

その結果、例えば、地上に存在する貴金属の大部分は中性子星連星合体によって生成されたのではないかという説が有力視されるようになっています。私たちの体を構成する炭素をはじめとする元素はすべて、かつて宇宙のどこかの星の中心で合成され、その後の星の進化の過程で宇宙に飛び散ったものです。これに対して、金やプラチナなどの鉄よりも重い金属がどこで生まれたのかは、よくわかっていませんでした。今回の発見によって、中性子星合体は宇宙の錬金術の現場にほかならない可能性が強く示唆されています。

みなさんが金製品をお持ちでしたら、それははるか昔に宇宙のどこかで起こった連星中性子星の合体時に形成され、宇宙空間を旅した後に、46億年前に誕生した太陽系の原材料として取り込まれ、みなさんの手元にたどり着いたことになります。これもまた、いかに突拍子もない可能性であろうと、物理法則と矛盾しない限り、この広い宇宙のどこかではそれが必ず実現する一例です。本当に胸がワクワクする大発見だと思います。

素朴な疑問に答える⑭――元素はどうやって地球にたどり着いた？

Q　元素はどうやってほかの星から地球にまでたどり着いたのでしょうか？　地球が誕生する過程でマグマの中などからグツグツと生まれたのかと思っていました。

A　なるほど、元素は地球の中心部で誕生し徐々に地表近くまで移動してきたのではないか、というわけですね。確かにそっちのほうが直感的には納得しやすい気もします。しかし、実は地球程度の小さな天体では重元素を合成することはできないのです。材料をグツグツ煮た程度では、元素を合成することは不可能です。それよりもはるかに高温・高密度の状態にする必要があり、それは太陽よりもさらに重い星の中心部でのみ可能です。このように重元素の合成にも、重力が本質的な役割を果たします。

太陽は今から約50億年後には、赤色巨星という天体になるはずです。その際には、半径が現在の100倍程度にまで増大し、今の地球はその中にのみ込まれると予想されています。またその際には、大量のガスが星の内部から外へ流出します。このガスが、太陽の中心で合成された元素を宇宙空間へ運び出す役割をします。

太陽に限らず、太陽よりも重い星は様々な過程を経て、一生を終えるまでにそれまでに内部で合成した元素のほとんどを外へ放出します。それらが非常に長い時間をかけて宇宙空間を循環し、次の世代の天体の原材料となり、新たな天体を生み出します。

それがあまり実感できないのは、この宇宙の中の元素循環が宇宙年齢である138億年という途方もない時間をかけて徐々に進行しているからです。にもかかわらず、地球はおろか、我々の体の原材料でもあるすべての重元素もまた、かつてどこかの星の中心で合成されたことは、まぎれもない事実です。それらの星は今ではすでに寿命を終え消滅しています。

このように、星々は誕生と死を何度も繰り返しながら元素を放出します。それらが宇宙空間を循環するうちに、たまたま地球に取り込まれた一部を材料として、我々人類を誕生させました。同じ過程は、地球に限らず宇宙の至るところで同時進行しているに違いありません。

宇宙における天体形成と元素循環の歴史を描いたイラストが図5・16です。この宇宙史を、米国の惑星科学者カール・セーガン（1934―1996）は「我々は星の子供」という有名な言葉で表現しました。人間は誰でも例外なく星空を美しいと感じますよね。科学者としてはやや無責任ですが、その理由は、138億年の宇宙史の結果として誕生した我々の遺伝子の奥底に刻み込まれた過去の記憶なのかもしれません。

最終章

法則、数学、そして宇宙

世界が法則に支配されていると信じられるこれだけの理由

この世界を構成する物質が何からできており、それらがいかに振る舞うのかを解明するのが科学です。その典型例と言うべき物理学は、物質をどこまでも細かく分割することで、素粒子という最小構成要素を発見しました。またそれらから構成されるこの世界は四つの基本的な力（強い力、電磁気力、弱い力、重力）によって完全に支配されていることをも明らかにしてきました。さらに驚くべきなのは、この異なる素粒子の種類や力の性質は、数学によって記述される法則に従っているという事実です。

これらは、原子よりもはるかに小さな10^{-10}から10^{-33}センチメートルの微視的世界にだけ当てはまるわけではありません。その対極にある巨視的な天体、さらには時間と空間までを含んだ宇宙そのものまでもが同じく法則に支配されているようです。本書で紹介してきた具体的な証拠の例を挙げておきましょう。

・ニュートン理論に基づいて予言された海王星が発見された（第3章）
・長い間ニュートン理論では説明できなかった水星の近日点移動が、一般相対論によって

見事に説明された（第3章）
・一般相対論の予言通り、光が重力によって曲がって進むことが確認された（第4章）
・一般相対論が予言する宇宙の膨張が確認された（第4章）
・ビッグバン理論が予言する宇宙の光の化石・宇宙マイクロ波背景輻射が発見された（第5章）
・宇宙マイクロ波背景輻射の観測データが、わずか六つのパラメータだけで決まる標準宇宙論モデルの予言とぴったり一致した（第5章）
・一般相対論の基礎方程式の数学的な解である、ブラックホールが実在することが確定した（第6章）
・一般相対論が予言した重力波が、１００年間の観測技術の進歩によって直接検出された（第6章）

これらの巨視的現象のスケールは10^{10}から10^{28}センチメートルにも及びます。

冒頭で述べた10^{-33}センチメートルは、プランクスケールと呼ばれており、現在知られている物理法則では未だ記述できない微視的スケールの限界だと考えられています。これに対して10^{28}センチメートルは、現在の我々が観測可能な宇宙の果てである地平線スケールに対応します。

微視的世界の果てである10^{-30}センチメートルと巨視的世界の果てである10^{30}センチメートルの間の10^{60}にもわたる範囲の世界がシームレスにすべて法則に支配されている事実には、驚愕する以外ありません（図7・1）。

法則は数学で書かれている

しかしさらに驚くべきなのは、その法則を我々人類が数学を用いて具体的に書き下すことに成功しているという事実でしょう。

その成功体験を通じて物理学専攻の学生、さらに研究者は、基礎方程式から導かれた数学的正解が現実世界では正しくないなどと疑うことはありません。この世界が数学で記述された方程式に厳密に従っているのは当然だと信じているからです。実際、教員も暗黙のうちにそのような教育をしていますし、学生もそれを無自覚のまま受け入れています。

しかしこれは論理的には間違っているというべきです。自然科学はあくまで経験に基づいた実証的学問だからです。例えば一般相対論の場合、アインシュタイン方程式の正当性

図 7.1　巨視的世界と微視的世界をつなぐウロボロス
（自分の尻尾をのみ込む蛇）

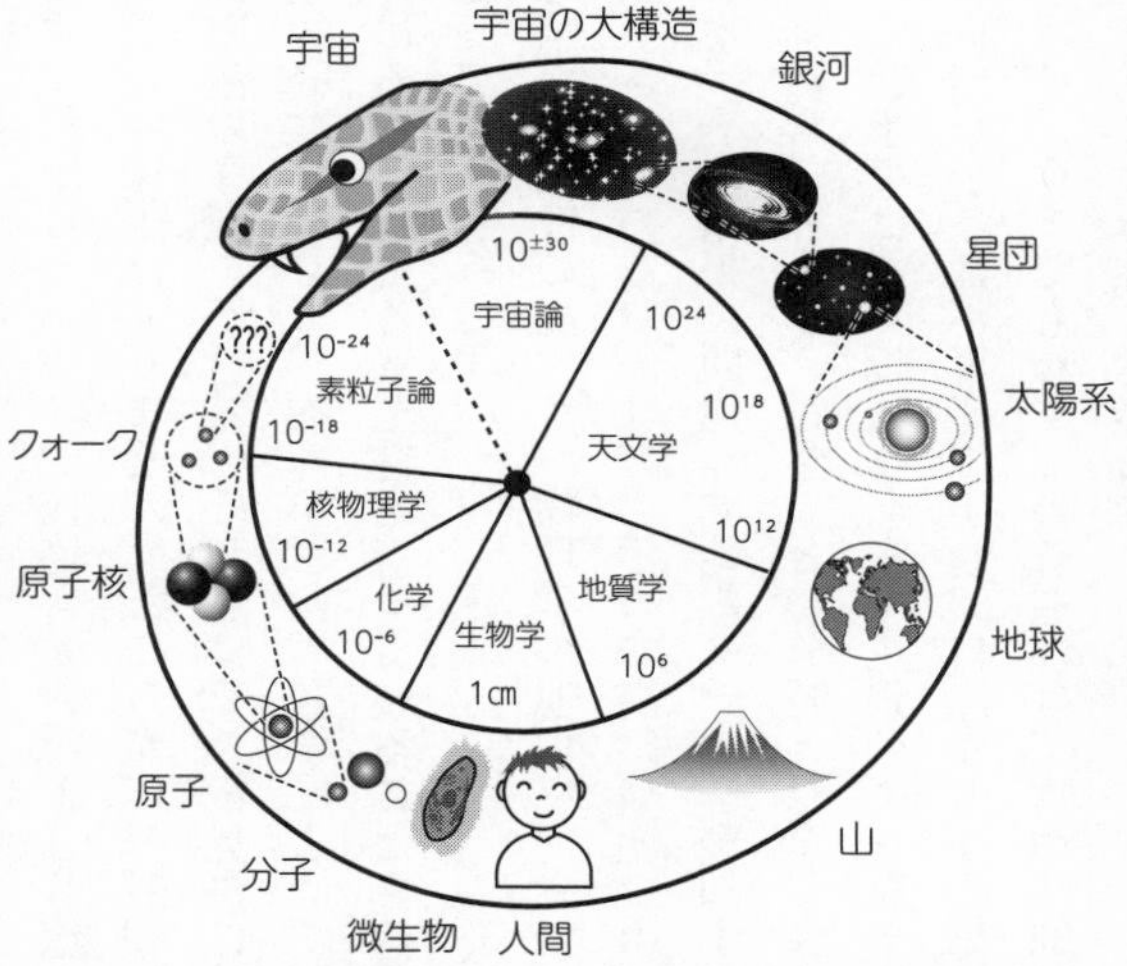

もともとは、ノーベル物理学賞を受賞した素粒子理論物理学者であるシェルドン・グラショーが著書 *Interactions*（Warner Books, 1988）において用いたものとされており、素粒子から宇宙に至る自然界の階層を示す秀逸な図として広く知られています。強調すべきは、約60桁も異なるスケールの微視的世界と巨視的世界が実は密接に関係し合っている点です。

が認められたのは、1億キロメートル程度の太陽系のスケールにおける天体現象を正確に説明できたからです。だからといって、10^{15}倍も大きな138億光年スケールの現象にまでその結果を外挿していい保証はありません。ところが、一般相対論はまさにそのスケールでの宇宙膨張や重力波の存在を予言し、それらはその後見事に確認されました。

このような歴史的経験を通じて、物理学者は、数学によって記述された法則が当初保証されていた範囲をはるかに超える普遍性を持っていることを確信し、やがてはそれを疑うことすらしなくなっているようです。

しかしこの不思議な普遍性の高さが、物理学の進歩を支えているのも確かです。物理法則が数学的に書き下されているおかげで、極めて高い精度での理論的予言とその実験的検証が可能となります。その結果、間違っているモデルを棄却することは比較的容易です。これは、政治学、経済学、社会学、哲学などの分野とは全く異なる自然科学の特徴です。

仮に物理法則が、数学ではなく曖昧な文章や主張のような形でしか表現できないとすれば、定量的に検証可能な予言は不可能ですし、自然界の振る舞いを理解することもできなかったことでしょう。言うまでもなくこの普遍性は、物理法則は発明されたものではなく発見されたものであることを強く示唆します。

もしも遠い将来、地球外の高度知的文明と交信することができるようになったとすれば、彼らは我々と同じ法則をすでに発見していることが証明されるに違いありません（それどころか、さらにより高度な理解に達しているかもしれません）。それこそが物理法則と数学の驚くべき普遍性の直接検証になります。万が一その機会が巡ってくるようなことがあれば、真っ先にどのような物理法則を発見しているのかを質問したいものです。

以上は、私自身が宇宙論研究の経験に基づいて培ってきた視点です。もちろん、過去の著名な物理学者が、それに気づいていないわけはありません。例えば、

・宇宙の原理は数学という言語で記述されている（ガリレオ・ガリレイ）
・数学の不合理なまでの有効性（ユージン・ウィグナー）
・経験とは独立した思考の産物であるはずの数学が、物理的実在とこれほどうまく合致するのはなぜか（アルベルト・アインシュタイン）

このように、彼らほどの知性にとっても、自然界を支配する物理法則がなぜ数学によって厳密に書き下せるのか、さらになぜ我々がそれを理解できるのか、さっぱりわからない

ようです。というわけで、世界が法則に支配されていることは事実ですが、より深くその理由を説明することは、法則の解明そのものよりもはるかに難しいのです。

宇宙そのものが法則である

さて、法則あるいは数学が記述する世界はあくまで抽象的な概念です。例えば、直角三角形に対する三平方の定理が成り立つ世界、というのは頭の中だけに存在する理想的なものに過ぎません。そんな数学的な構造が、我々が住むこの現実世界（あるいは宇宙）に対応している理由はありません。同様に、この宇宙が何らかの数学的なルールに従っている必然性もありません。

ところで、あらゆる場所で三平方の定理が成り立つ（つまりユークリッド幾何学に従う）宇宙が実在すると仮定すると、その宇宙の体積は無限大でなくてはならないことが証明できます（仮に有限な宇宙を考えると、その端のほうではうまく直角三角形が描けない気がしませんか？　あまり厳密とは言えませんが、結果的にはこの直感は正しく、どこであろうとちゃんと直角三角形が描けるためには、宇宙は無限に広がっていなくてはならないのです）。この具体的な例は、そこで成り立つ法則を与えれば、それに対応して実在できる宇宙の性質が決まってしまうことを示唆しています。

51ページで、法則はどこにある？という問いを投げかけました。そのような哲学的難問に正解があるとは思えませんが、法則という抽象的な概念を現実の宇宙のどこかに埋め込もうとすれば、結局、宇宙のありかたそのものが法則である、というわかったようでわからない答えしかないような気がします。

我々が住むこの世界には、強い力、電磁気力、弱い力、重力の四つの力があると述べました。その理由は未だわかっていません。逆に言えば、その中の一つの力が存在しない理論、あるいはさらにもう一つ異なる種類の力が存在する理論を考えることは可能です。むろんそれは、我々の住む宇宙とは矛盾します。その意味では「間違った理論」です。

しかし、強い力が存在しない（したがって、原子の中心にある原子核が存在しない）、あるいは電磁気力が存在しない（すべての素粒子が電荷を持たず、光も存在しない）ような（抽象的な）理論であろうと、それらに対して必ず具体的な宇宙（我々が住む宇宙とは違います）がどこかに存在しているかもしれません。これは過激な主張ではありますが、それを否定することは困難なのです。

そんな検証もできない荒唐無稽なことを考えても意味がないという主張はもっともです。

そのような宇宙では、安定な原子が存在しないうえ、太陽も生まれないため、生命が誕生することはないでしょう。つまり、我々が検証できないだけでなく、そのような宇宙が存在することを検証できる知的生命体そのものが存在しない可能性が高いのです。

誰もいなくなったあとの宇宙は存在すると言えるのか

しかしよく考えると、我々が自分たちが住む宇宙の存在を認識できているということ自体、驚くべき偶然に過ぎないかもしれません。とりあえず、宇宙の中で地球以外に知的生命体は存在しないと仮定してみます。地球に知的生命体が誕生したのはごく最近ですから（例えばホモサピエンスが生まれたのは今からわずか数十万年前です）、１３８億年の宇宙年齢に比べると一瞬と言うべきです。

さらに、地球がこの宇宙がどのような成り立ちをしているのかを考察するほどの文明レベルに達してからは1万年も経っていないでしょう。それ以前であろうとこの宇宙が実在していたことは明らかですが（筋金入りの頑固な一部の哲学者を除きます）、それを認識できる存在はいなかったのです。

また（近い）将来、地球文明が滅亡したあとには、再びこの宇宙の実在を確認できる観測者は不在となってしまいます。私は地球の文明はどう考えてもこれから1万年以上安定に存在することは困難であるという悲観論者ですが、そうでなくても今から約50億年後に太陽は進化して赤色巨星となり地球をのみ込んでしまうはずなので、どんなに遅くてもその時点で地球は滅亡します。したがって、どれほど楽観的に考えてもそれ以降、この宇宙の実在を証明してくれる観測者はいなくなります。

宇宙が実在するかどうかと、その中に知的生命体が観測者として存在するかどうかは本来無関係です。にもかかわらず、知的生命体を持たない宇宙(ロンリーユニバースあるいはロンリーワールドと呼ばれることがあります)の場合、それが実際に存在するのか、あるいは抽象的な存在に過ぎないのかを区別することはできません。したがって、実在の宇宙と抽象的な世界との間に明確な線引きはできないことになります。とすれば、もっとも単純なのは、抽象的な数学的構造には必ずそれに対応した宇宙が実在すると考えてしまうことです。

ここまでは、地球が宇宙における唯一の知的生命体であると仮定したときの議論でした。この広い宇宙には地球以外にも知的生命体が存在するに決まっているから、この宇宙の実在を証明してくれる観測者は地球以外にも無数にいるはずだ。したがって、上述の議論は正しくないと思われるかもしれません。

しかし、地球外知的生命体の存在を示す科学的証拠がない以上、地球外知的生命体が実在するという信念と、抽象的な数学構造に対応したロンリーワールドが実在するという信念は、どちらも同等に証明されない仮説と言うべきでしょう。

念のために強調しておきますが、数学の体系は必ず実存の宇宙を伴うとする考えは肯定も否定もできませんから、通常の意味での科学的仮説ではありませんし、それが正しいと主張するつもりは全くありません。ただしこれを認めれば、この宇宙が数学的な物理法則に支配されている理由が納得できるように思います。なぜならば、実際の宇宙と数学的な物理法則はもはや同じものの言い換えに過ぎないのですから。

本書では、この宇宙が「信じがたい精度で」数学的な法則に従っていることを、多くの具体例を通じて紹介してきました。念のために繰り返しておきますが、だからといって、宇宙が「厳密に」数学的な法則に従っている証明はできませんし、ましてや、そうであるべき理由を説明することは不可能です。

しかし、読者のみなさんが、この宇宙と法則、そして数学の間の驚くべき関係を知り、その不思議さを楽しみながら一緒に悩んでくれるきっかけとなったとすれば、とても嬉しく思います。

あとがき

ここまで根気強く読み通してくださった方々、ありがとうございました。意見の相違、不平不満、などまだいろいろとあるとは思いますが、とりあえず私と同じく「この宇宙が法則と数学に支配されていると信じる派」になっていただけたでしょうか。

この「宗派」はあくまで大まかなものにすぎず、実際にはさらに、「宇宙のすべてを数学に帰着させることができる」とする超過激派から、「宇宙の本質的振る舞いだけを取り出せば数学によって厳密に記述できる」(中道派)、「宇宙の振る舞いの一部分は数学を用いて近似的に表現できる」(保守派)など、様々に異なる派閥に分かれることでしょう。

のみならず、日本では極めて少ないものの、「宇宙は神によって創られたものであるから、そのすべては神が決めた摂理に従っている」と信じる人もいるでしょう(例えば、米国人の中では決して無視できない割合かもしれません)。

仮にその立場に従うならば、この宇宙はその外にいる神が決めたルールに従って動作するコンピュータシミュレーションの世界だと解釈できることになります。そして我々はその世界に登場するキャラクターであり、その世界の内部からシミュレーションのルールを探ろうとした結果、そのプログラムを記述するルール（数学）を発見しつつあるのかもしれません。私が首尾一貫して「法則あるいは数学」と述べてきたものは、まさに「神」そのものではないか、というわけです。

私は神の存在を信じてはいませんが（日本ではこのような発言は重要な意味を持ちませんが、国によってはかなり勇気が必要なカムアウトです）、これはそもそも通常の意味での科学的な問いではないため、科学的には肯定も否定もできません。そのため私は「自然科学研究とは、神を持ち出すことなくこの世界をスッキリと理解するための試みである」と主張し続けています。

神かあるいは数学かという解釈はいつまでも平行線のままでしょう。しかしある意味ではそれは言葉の定義の問題に過ぎないのかもしれません。世界を科学的に理解しようとするエンドレスの営みは、神は一体何を考えているのかを推測する営みだと言い換えることもできそうです。

その二つの立場の違いは別として、本書で繰り返し紹介してきた天文学研究史における経験事実は、

・観測されている天体さらには宇宙の振る舞いそのものを記述する数式が存在している
・その数式を用いて予言された現象は、どれほど可能性が低いと予想されようとも、やがては驚くべき精度で実際にこの宇宙で起こっていることが確認されてきた

の2点に要約されます。そして、この驚くべき事実を説明するもっとも単純な解釈は、数学的な論理体系と実在する宇宙は同じものであるという過激な可能性です。この世界観に同意してもらえるかどうかはわかりませんし、それが正しいと主張するつもりはありません。しかし、地球が太陽の周りを公転するといった身近な経験から、宇宙の加速膨張という遥か彼方の出来事に至るまで、本書で紹介した天体現象の数々を通じて、今まで当たり前だと思い込んでいた世界の見方がすっかり変わってしまった方がいらっしゃったとすれば、本当に嬉しく思います。

本書の内容の一部は、朝日カルチャーセンターで過去数年間行ってきた講演をまとめ直

したものです。その機会を提供してくれた神宮司英子さんには本当にお世話になりました。最後に本書の執筆を熱心に勧めてくださり、原稿に対して様々な観点から多くの助言をしてくれた編集担当の大坂温子さんに心から感謝します。

須藤　靖

２０２１年12月８日

参考文献

第1章

マリオ・リヴィオ（千葉敏生訳）『神は数学者か？——数学の不可思議な歴史』早川書房、２０１７年

第2章

ジョン・バロウ（松浦俊輔訳）『宇宙に法則はあるのか』青土社、２００４年
須藤靖『解析力学・量子論（第２版）』東京大学出版会、２０１９年
戸田山和久『哲学入門』ちくま新書、２０１４年

第3章

トマス・レヴェンソン（寺西のぶ子訳）『ニュートンと贋金づくり——天才科学者が追った世紀の大犯罪』白揚社、２０１２年
トマス・レヴェンソン（小林由香利訳）『幻の惑星ヴァルカン——アインシュタインはいかにして惑星を破壊したのか』亜紀書房、２０１７年

第4章

マシュー・スタンレー（水谷淳訳）『アインシュタインの戦争——相対論はいかにして国家主義に打ち克ったか』新潮社、２０２０年
マーシャ・バトゥーシャク（長沢工・永山淳子訳）『膨張宇宙の発見——ハッブルの影に消えた天文学者たち』地人書館、２０１１年

マリオ・リヴィオ（千葉敏生訳）『偉大なる失敗――天才科学者たちはどう間違えたか』ハヤカワ文庫、2017年

第5章

小松英一郎・川端裕人『宇宙の始まり、そして終わり』日本経済新聞出版、2015年
小松英一郎『宇宙マイクロ波背景放射』日本評論社、2019年
須藤靖・伊勢田哲治『科学を語るとはどういうことか（増補版）――科学者、哲学者にモノ申す』河出書房新社、2021年

第6章

須藤靖『一般相対論入門（改訂版）』日本評論社、2019年
須藤靖『もうひとつの一般相対論入門』日本評論社、2010年
須藤靖『この空のかなた』亜紀書房、2018年
須藤靖『情けは宇宙のためならず――物理学者の見る世界』毎日新聞出版、2018年

第7章

マックス・テグマーク（谷本真幸訳）『数学的な宇宙――究極の実在の姿を求めて』講談社、2016年
須藤靖『不自然な宇宙――宇宙はひとつだけなのか？』講談社ブルーバックス、2019年
須藤靖『ものの大きさ――自然の階層・宇宙の階層（第2版）』東京大学出版会、2021年

図版作成
谷口正孝

写真
図3.3, 3.4, 5.5　筆者撮影
図5.8　藤原英明、すばる望遠鏡
図5.9　ESA/Gaia/DPAC; CC BY-SA 3.0 IGO.
Acknowledgement: A. Moitinho.
図5.10　NASA / COBE
図5.11　ESA, Planck Collaboration
図6.7　Churchill Archives Centre（アントニー・ヒューイッシュ教授のご遺族の許諾を得て掲載）
図6.11　EHT Collaboration
図6.13　Caltech/MIT/LIGO Lab

須藤　靖　すとう・やすし
1958年高知県生まれ。東京大学大学院理学系研究科物理学専攻教授。東京大学理学部物理学科卒業、東京大学大学院理学系研究科物理学専攻博士課程修了（理学博士）。専門は宇宙物理学、特に宇宙論と太陽系外惑星の理論的および観測的研究。著書に、『ものの大きさ』『解析力学・量子論』、『人生一般ニ相対論』（以上、東京大学出版会）、『不自然な宇宙』（講談社ブルーバックス）などがある。

朝日新書
849

宇宙《うちゅう》は数式《すうしき》でできている
なぜ世界は物理法則に支配されているのか

2022年1月30日第1刷発行

著　者　須藤　靖

発行者　三宮博信
カバーデザイン　アンスガー・フォルマー　田嶋佳子
印刷所　凸版印刷株式会社
発行所　朝日新聞出版
〒104-8011　東京都中央区築地5-3-2
電話　03-5541-8832（編集）
　　　03-5540-7793（販売）

Published in Japan by Asahi Shimbun Publications Inc.
ISBN 978-4-02-295160-1
定価はカバーに表示してあります。

落丁・乱丁の場合は弊社業務部(電話03-5540-7800)へご連絡ください。
送料弊社負担にてお取り替えいたします。